AF194108

BIBLIOTECA
DE LA LIBERTAD
FORMATO MENOR

INTELIGENCIA ARTIFICIAL
VERSUS
INTELIGENCIA HUMANA

BRUNO DI GRIGOLI

INTELIGENCIA ARTIFICIAL

VERSUS

INTELIGENCIA HUMANA

Un análisis de los procesos creativos

Unión Editorial
2025

© 2024 Bruno Di Grigoli Gallardo
© 2025 UNIÓN EDITORIAL, S.A.
c/ Hilarión Eslava, 21 • local • 28015 Madrid
Tel.: 913 500 228
Correo: editorial@unioneditorial.net
www.unioneditorial.es

ISBN: 978-84-7209-936-4
Depósito legal: M-2.638-2025

Compuesto e impreso por EL BUEY LIBERAL, S.L.

Printed in Spain • Impreso en España

*A mi familia,
lo más importante*

ÍNDICE

AGRADECIMIENTOS

En primer lugar, agradezco a todos mis maestros y profesores con los que he tenido la fortuna de cruzarme en la vida. Considero un gran activo personal el haber tenido la posibilidad de escucharlos y aprender de cada uno de ellos.

En segundo lugar, a todas aquellas personas que, sin ejercer formalmente la profesión de la docencia, dedican de manera desinteresada, tiempo, energía y paciencia a compartir sus saberes con sus semejantes.

PRÓLOGO

Por Jesús Huerta de Soto

La idea central analizada en el presente libro tuvo su génesis a finales del año 2020, cuando apenas era conocida la tecnología GPT, y que tiempo más tarde salió al mundo en noviembre de 2022 bajo el nombre ChatGPT, de la empresa Open AI. Maravilló por igual a entendidos y no entendidos por su capacidad, velocidad y relativa precisión en sus respuestas.

El autor, con motivo de realizar las labores de estudio e investigación a la hora de desarrollar su trabajo de fin de máster, se lanzó a ahondar en una temática que, si bien lleva años existiendo como disciplina, ha despertado popular interés en tiempos recientes. La tesis central de este texto intenta responder al interrogante sobre si la Inteligencia Artificial posee o no capacidad creativa, de la misma manera que la posee la mente humana. Respondiendo de manera analítica a esta pregunta, estaríamos en mejores condiciones de abordar otras cuestiones derivadas, pero no menores, como pueden ser las implicaciones de la introducción de la Inteligencia Artificial en el mercado laboral; el impacto en las cotizaciones de seguridad social; la situación tributaria de la IA y su regulación en el marco de la Unión Europea; o incluso la posibilidad del cálculo económico en una economía diseñada enteramente de manera centralizada.

Al mismo tiempo, el presente texto no pretende erigirse en un estudio completo y concluyente de las cuestiones que intenta dirimir. Si no, más bien, en un sólido punto de partida. O bien en una referencia fiable sobre la cual construir un edificio teórico que pueda responder de manera completa y coherente estas cuestiones.

Tratándose de un estudio comparativo entre la inteligencia de la mente humana y la Inteligencia Artificial, corresponde considerar que, respecto de la primera son muchas las disciplinas y campos de estudio que la tienen por objeto. Ya sea en el área de la medicina, la psicología, la neurología, la biología, etc. Y que, aun hoy, en el siglo XXI, es mucho lo que resta por saber sobre el entendimiento de nuestro cerebro. Sin embargo, dado que la Escuela Austriaca es humanista y multidisciplinar y sus desarrollos parten del ser humano real, de carne y hueso (que nada tiene que ver con el *homo economicus* maximizador de beneficios), su epistemología es tierra fértil para definir correctamente el problema que se quiere resolver. Es este eclecticismo el que la dota de una riqueza potencial sin igual, y que lleva a sus estudiantes a ir más allá de los saberes estrictamente circunscritos a la disciplina económica, siempre con las debidas prudencia y humildad intelectual que deben derivar del reconocimiento de la limitada capacidad del razonamiento humano; como así también de considerar la importancia de la compatibilidad y congruencia de los hallazgos y postulados de cada disciplina a la hora de presentar una teoría consistente y posible de soportar mayores críticas y análisis.

Aclaradas estas cuestiones, y volviendo a la economía de la Escuela Austriaca, bien sabemos que la estrella protagonista es la función empresarial. Y siendo así, surgen puntos en este libro que merecen ser analizados.

Esta función empresarial, que está presente en todos y cada uno de los seres humanos, es la innata capacidad creativa que tenemos las personas para descubrir nuevos medios y fines, y llevar adelante acciones para lograr la consecución de estos últimos. En este contexto, la intervención del estado, que coacciona la función empresarial, perjudica a todas luces el avance de la civilización y su desarrollo económico. Pero no es solo eso. Sino que, íntimamente ligado al concepto de función empresarial, la Escuela Austriaca entiende en su cosmovisión al mercado como un proceso dinámico en contraposición a la visión estática de la economía neoclásica.

Se erige, así, un entendimiento que comprende un sentido de eficiencia dinámica, que es mucho más abarcadora que la parcial e incompleta visión estática, puesto que no solo comprende la eficiencia asignativa de los recursos escasos, sino que, también, pero, sobre todo, entiende a la figura empresarial como lo que es: la única fuerza creadora que impulsa permanentemente la frontera de posibilidades y que ha hecho avanzar a la civilización desde sus inicios.

Es entonces, en este marco, en el que la empresarialidad es comprendida como un proceso de rivalidad, inherentemente creativo, y de coordinación; de permanente búsqueda de oportunidades de ganancia, efectuando ajustes sociales y creando nuevas descoordinaciones. Sentado el marco de análisis, es en pleno 2023 cuando se suelen escuchar y leer conceptos como los de *economía digital, nueva economía, transformación digital de la economía*, etc.

Lo cierto es que, dentro de los procesos de transformación y avance tecnológico que acontecen en la sociedad y que tienen impacto en la forma en que interaccionan los individuos en el proceso cataláctico, cabe preguntarse si esta tecnología disruptiva que resulta ser la Inteligencia Artificial posee capacidad creativa, o bien si en algún futuro podrá rivalizar con los seres humanos en el proceso de mercado, en un sentido dinámico.

El autor es consciente de que, para realizar una correcta comparación e introducir al lector al tema, en primer lugar se deben realizar las definiciones conceptuales pertinentes. En cuanto al desarrollo de estas definiciones, la teoría es pacífica y no surgen mayores inconvenientes. En el primer capítulo se sientan las bases y cimientos sobre los que funciona la Inteligencia Artificial. Al mismo tiempo, se desarrolla su íntima vinculación con la Robótica, como así también la convergencia entre ambas disciplinas. Es de destacar que constituye un elemento clave del texto la tecnología GPT3. Ello es por ser la tecnología actual de procesamiento de lenguaje más disruptiva y conocida hasta el momento, y también porque, como se explica más adelante, el lenguaje forma parte fundamental en la mente del ser humano. Y es a través del lenguaje que el ser humano crea e interactúa con el mundo y prosperan las interacciones sociales.

El cuerpo del ensayo desarrolla el mentado análisis comparativo bajo lo que considero la teoría de los tres niveles o enfoques. Las aproximaciones a nivel teórico, histórico y ético terminan por cercar el cuerpo teórico del estudio para cubrir el mismo desde diferentes frentes que, necesariamente, deben ser congruentes. En lo que respecta a la filosofía de la mente humana se han tocado los puntos que, a criterio del autor, son los más salientes y relevantes a la hora de comprender el entendimiento de la mente humana en su faz creativa, y con los que sería suficiente para llegar a una conclusión razonable sobre la pregunta que informa todo el libro.

Adentrados en el análisis teórico de los elementos escogidos por el autor, el punto de partida resulta ser la Acción Humana. Y para ello se evoca a Ludwig von Mises en su explicación sobre cómo el hombre actúa cuando desea sustituir un estado menos satisfactorio por otro mejor. Ello, necesariamente, tiene implícito un ser sintiente, clave en este ensayo. Acto seguido, se estudia cómo el ser humano se vincula con el mundo, cómo es que llega a sentir y cómo percibe el mismo. En este sentido, el orden sensorial de Friedrich Hayek resulta ilustrador. En definitiva, percibir es clasificar el mundo. Llegados hasta aquí, se justifica el haber elegido ChatGPT como punto de comparación, dado que esta tecnología ha puesto en evidencia un enorme avance dentro de la disciplina de la Inteligencia Artificial. Pero más aún siendo como se trata de una herramienta de procesamiento de lenguaje formal. Por ello, ligada a esa clasificación que menciona Hayek entramos en el entendimiento del lenguaje. Siendo este una institución social evolutiva y cuyo desarrollo ha tenido lugar a través de miles de años de evolución entre los seres humanos de este mundo.

Otro de los elementos fundamentales en la cosmovisión de la Escuela Austriaca de Economía, y que también resulta un elemento a considerar en el cuerpo del análisis, es la división intelectual del conocimiento, pilar fundamental en el sistema capitalista de libre mercado. Aquí el autor comenta estos conceptos con la inteligencia humana gracias a aportaciones de Henri Bergson sobre la importancia, plasticidad y capacidad de la mente humana para manejar distintos temas y pasar —a modo de salto— de uno a otro. Y es que los miles de millones de bits de conocimiento disperso en cada una de las mentes humanas no constituyen de manera unívoca un conocimiento práctico de similares características, sino que el ser humano maneja diferentes tipos de conocimiento de naturaleza disímil, y es esta capacidad de vinculación e interrelación una fuente importante de creatividad.

Por último, la existencia del error también es parte constituyente del análisis comparativo. La prueba y el error son parte de la vida cotidiana de las personas. El autor considera al error como fuente de conocimiento. El punto de contacto es que, dentro de la disciplina de la Inteligencia Artificial, son técnicas muy avanzadas el Machine Learning o el Deep Learning, pero no son menores las limitaciones con las que aún cuentan estas tecnologías en cuanto a su proceso comparable, que tiene lugar en el cerebro humano.

Bajo estos puntos y las conclusiones de cada uno de ellos, se realiza la comparación con las creaciones que pudiera llegar a realizar un *software* de inteligencia artificial. Todo después de realizar una precisa definición de lo que debiera entenderse por creatividad y por proceso creativo.

Llegados al tercer capítulo, todo lo anterior sirve de base para intentar comprender y concluir si la función empresarial se encuentra amenazada o no por la Inteligencia Artificial, bien sea por desplazar al ser humano, o bien por terminar degenerando su capacidad creativa. Es aquí cuando el autor realiza dos hipótesis. En primer lugar, supone que en un futuro la Inteligencia Artificial y la humana jamás se integrarán en un único ser. La segunda considera que se integrarán dando lugar a un nuevo ser; esto último es lo que puede considerarse bajo las ideas del transhumanismo, donde tecnologías actuales, como las desarrolladas por la empresa Neuralink, posibilitan la inserción de chips en el cerebro humano cuyo objetivo es tratar enfermedades neurológicas. Pero este nuevo campo de desarrollo abre una enorme cantidad de preguntas sobre posibles aplicaciones futuras, cuestiones no relacionadas sobre la salud mental, y de bioética, por citar algunos campos.

En el primer escenario hipotético, el autor hace hincapié en la importancia de tener bien definida la idea de creatividad. Para ello se contraponen dos visiones. La planteada por Israel Kirzner y la formulada por mí, siendo esta última la que encaja más afinadamente a la idea dinámica de proceso de mercado, y pudiendo concluirse que, considerando la creatividad en su sentido amplio y no restringido, cabe decir que la IA no es creativa. Por lo tanto, no podrá —al menos con la tecnología actual— suplantar al ser humano, según palabras del autor.

El segundo hipotético escenario es aquel en el que la Inteligencia Artificial y la mente humana se integran, logrando así resultados que serían tan diferentes como inimaginables. Incluso cabría preguntarse si se trata de un nuevo ser, si es que el ser humano en cuestión habría perdido su esencia, etc. En este supuesto, podría concebirse una explosión exponencial del aprovechamiento de los dos tipos de conocimiento (tipo A y B) en un único ente (ser humano integrado). Tal escenario no es desarrollado por el autor, excede el presente libro y roza la ciencia ficción.

Tras el desarrollo efectuado por el autor, en su último capítulo es donde efectúa el análisis de dos situaciones concretas y actuales que son motivo de debate. En primer lugar, aborda la Inteligencia Artificial y la renovada idea de que esta nueva tecnología vendrá a resolver el problema del cálculo económico socialista. Si bien el debate sobre la imposibilidad del cálculo económico en el socialismo ya fue demostrado por Ludwig von Mises hace ya más de 100 años, nunca está de más recordar la naturaleza de esta problemática y lo insoluble del problema. No se trata de un asunto computacional o de capacidad de procesamiento de información, sino que hace bien el autor al recordar que la imposibilidad real es que la información que se pretendería utilizar para solventar la cuestión no ha sido creada. Una cuestión que hasta hoy día parece ser difícil comprender, pero que deviene necesario volver a mencionar, dados los renovados aires de esperanza que la IA trae a aquellos que profesan ideas de ingeniería social.

En segundo lugar, y no menos importante, se tratan los aspectos tributarios de la Inteligencia Artificial y los fundamentos que los teóricos tributarios esgrimen a los efectos de gravar la misma. El análisis cuenta con un desarrollo de las diferentes formas y diseños tributarios que, en principio, se están debatiendo en el marco de la Unión Europea. Principalmente el impuesto a la automatización, impuesto sobre la renta o beneficio hipotéticamente imputado, y el impuesto único, sea al empresario o al propietario del robot/IA. En cada uno de ellos se concluye no solo lo pernicioso, sino también lo absurdos que pueden resultar algunos argumentos, y el freno que constituye al desarrollo tecnológico, ya que, como dice Hazlitt, los impuestos siempre desalientan y frenan la producción.

En este capítulo, el autor deja abierta una serie de preguntas que, a la fecha y a la luz del conocimiento actual, son difíciles de responder, pero que servirían para acotar de una manera más afinada los posibles problemas que puedan surgir. A modo de ejemplo: «…¿tendrá la capacidad de perseguir fines propios, independientemente de aquellos que fueron programados?...».

Es muy posible que la sociedad haya llegado, con la Inteligencia Artificial, a una nueva revolución del conocimiento, probablemente equiparable a la Revolución Industrial. Quizás sea aún muy pronto para realizar semejante declaración. Pero en cuanto a los planteamientos que este libro propone, nuestro autor concluye que la Inteligencia Artificial, a la fecha y con la tecnología actual, no reemplaza la capacidad creativa humana. Dice textualmente que: «Para lograr imitar la capacidad creativa del ser humano deberá replicar de manera fidedigna todos y cada uno de los elementos que hacen a la mente humana». Enorme tarea que aun la ciencia misma, en sus diferentes campos y disciplinas, no ha culminado en su entendimiento (y, en opinión del autor de este prólogo, por razones filosóficas nunca logrará culminar), y, por lo tanto, los ingenieros programadores no podrán replicar, por no tener concretamente qué imitar.

Capítulo I

«¿Heredarán los robots la Tierra?
Sí, pero serán nuestros hijos».
Marvin Minsky[1]

Introducción a la Inteligencia Artificial

Si bien en menor o mayor medida podíamos presumir de su existencia o saber de qué se trata, dado que la I.A. aparece desde antaño en películas de ciencia ficción, cabe decir que, desde hace no mucho tiempo, en las noticias, redes y en internet en general vemos constantemente los conceptos IA–AI, o bien Inteligencia Artificial.

Más aún con la aparición del famoso Chat GPT de OpenAI. En el mundo laboral –y no laboral– se habla de esta herramienta en particular, y de la IA en general.

A partir de ahí, surgen diversas cuestiones sobre sus capacidades analíticas, creativas, si la IA nos desplazará de nuestros trabajos, cómo quedará el mercado laboral, cuestiones sobre las cotizaciones a la seguridad social, o incluso, yendo más allá, si la IA dominará el mundo al estilo Skynet.

Algunas de estas cuestiones se abordan en este libro, que no es más que una aproximación, un aporte, a un tema que encierra en sí mismo un universo completo de conocimiento. El objetivo principal gira en torno a intentar dilucidar la capacidad creativa de la I.A., pero también se mencionarán, aunque sea de manera tangencial, asuntos de economía, psicología, filosofía de la mente, y tributación.

---

[1] Científico estadounidense, considerado uno de los padres de la I.A. [N. del autor: es una aterradora aseveración que no comparto].

21

Ahora bien, para comenzar de manera lógica y ordenada, resulta imprescindible preguntarse:

¿Qué es la inteligencia artificial? (en adelante I.A.). Es la pregunta disparadora que podríamos formularnos para dar inicio y abordar de lleno el presente análisis. La misma respuesta la podemos encontrar buscando las definiciones en el diccionario de la Real Academia Española, buscando Inteligencia y Artificial por separado. Por eso, encontramos que:

«Inteligencia» según la RAE:
1. f. Capacidad de entender o comprender. 2. f. Capacidad de resolver problemas. 3. f. Conocimiento, comprensión, acto de entender. 5. f. Habilidad, destreza y experiencia.
«Artificial» según la RAE:
1. adj. Hecho por mano o arte del hombre. 2. adj. No natural, falso. 3. adj. Producido por el ingenio humano.

Por lo tanto, podríamos construir una definición propia fusionando ambas ideas, siendo esta: un algo —en este caso, un *software*— realizado por el ser humano que es capaz de comprender, entender, resolver problemas o adquirir conocimiento. Sin embargo, la misma Real Academia Española nos brinda una definición propia, la cual es mucho más amplia. Siendo:

Disciplina científica que se ocupa de crear programas informáticos que ejecutan *operaciones comparables* a las que realiza la mente humana, como el aprendizaje o el razonamiento lógico.

Las cursivas en «operaciones comparables» son propias, al querer destacar esta idea que más adelante veremos.

Seguidamente nos debemos preguntar: ¿Cómo es que funciona la I.A.?

Para responder esta segunda pregunta, debemos comprender que el funcionamiento viene de la mano de la posibilidad de procesar de manera rápida e iterativa grandes volúmenes de datos y del uso de algoritmos. Esta posibilidad de rápido procesamiento de datos no es nueva; todo lo contrario, comenzó hace años con el uso de las computadoras. Por eso podríamos decir que este camino que hoy nos llevó hasta la I.A., se inició hace mucho tiempo con la informática. Dependiendo de dónde decidamos hacer el corte histórico, es posible remontarse a las primeras calculadoras, o bien hasta el uso del ábaco. Pero, independientemente de esa discusión, existe consenso en que lo que ha proporcionado un efecto catalizador importante es la aparición del microchip o circuito integrado.

Volviendo a nuestros tiempos y al campo de la I.A., debemos sumar la capacidad de aprendizaje automático de patrones o características en los datos. En este mundo de la I.A. encontramos además las siguientes subdivisiones o campos de estudio: Machine Learning, Redes Neuronales, Deep Learning, Cómputo Cognitivo, Procesamiento de Lenguaje Natural (NLP), y un extenso etcétera.

Es frecuente observar, en redes sociales o en noticias, al hablar de Inteligencia Artificial, robots con aspecto humano en algunos casos y en otros no tanto. Por ello, resulta necesario comentar introductoriamente también qué parte tiene la disciplina de la Robótica en toda esta historia.

Robótica

Siguiendo este orden lógico, siempre es buen punto de partida, ante elementos nuevos, recurrir a la semántica para descubrir qué se entiende por Robótica, y significa:

f. Técnica que aplica la informática al diseño y empleo de aparatos que, en sustitución de personas, realizan operaciones o trabajos, por lo general en instalaciones industriales.

Sería entonces un robot aquella máquina que combina el uso de medios mecánicos, electrónicos y digitales –*Software* de I.A., en este caso— para manipular objetos o realizar operaciones, con el fin de realizar una actividad. Suponemos y entendemos que esa actividad emulada es una actividad realizada por un humano, aunque también puede considerarse la existencia de robots que emulan animales.

Convergencia entre robótica e I.A.

Otorgadas estas definiciones, podría entenderse que Robótica e I.A. van de la mano y cada vez convergerán mucho más hasta resultar inescindibles. Tal es así que podemos diferenciar al día de la fecha tres generaciones de robots:

La denominada primera generación: los robots primitivos tenían capacidad para almacenar trayectorias programables de movimiento repetitivo descritas punto a punto, y dotados de sensores internos. El ejemplo típico es el brazo manipulador en las líneas de montaje automovilísticas. A veces estos robots tenían que ser asistidos por humanos, dado que no realizaban ajustes. Podría considerarse que eran robots ciegos, y el robot podía poner un remache o soldar en un área incorrecta. El humano asistente realizaba pequeños ajustes para corregir el punto o la coordenada en el caso de ser necesario.

La segunda generación quizás puede considerarse a partir de finales de los años 70, y son los robots adaptativos. Esto es así dado que disponen de sensores externos (temperatura, tacto y visión) que otorgan al robot información del mundo exterior. Información que, combinada con el software correspondiente —el programa—, permitía hacer uso de esa información para realizar ajustes o modificaciones.

Esta retroalimentación les permite hacer elecciones limitadas y reaccionar ante cambios en las circunstancias exteriores.

La tercera generación de robots puede considerarse la generación actual. Los robots inteligentes utilizan los *softwares* de inteligencia artificial. A su vez, disponen de sensores más avanzados que les permiten obtener más información sobre el entorno y su relación con él. El efecto exponencial se lo otorga el desarrollo de la inteligencia artificial, ya que la misma les permite realizar razonamientos lógicos y eventualmente aprender.

Para evidenciar de manera ejemplificadora los usos de los robots y la I.A., basta con realizar la búsqueda en Google, donde pueden observarse infinidad de tipos, modelos, usos, etc., por lo que no me extenderé al respecto y me limitaré tan solo a decir que existen en la actualidad robots de todo tipo, como pueden ser: bibliotecarios, repartidores, camareros, policías, médicos, transportistas, e incluso robots animales, como el caso del robot «perro» de Boston Dynamics (se puede realizar la consulta en internet sobre el robot de esta última empresa, llamado Atlas, y observar su evolución a través de los años. Actualmente, no solo puede caminar sobre diferentes superficies, sino también evitar obstáculos complejos y hasta hacer acrobacias).

Funcionamiento

Hemos dicho con otras palabras que la Inteligencia Artificial es la disciplina que estudia cómo imitar el funcionamiento del comportamiento humano o, mejor dicho, de la mente humana. Nos fue necesario realizar comentarios y observaciones sobre la robótica dado que I.A. y robótica convergen. No necesariamente esto es así, pero el robot es la manifestación tangible que permite observar si un conjunto de plástico o metal articulado termina por imitar de manera fidedigna o no un comportamiento o acción propio de las personas.

Decimos que no necesariamente esto es así porque hoy en día un *software* puede conversar con nosotros a través del PC o del móvil y mantener una charla de manera fluida. A estos últimos se los denomina *chatbots*.

En el caso de las manifestaciones intangibles, o «mentales», como puede ser el hecho de jugar ajedrez (podemos recordar a Kasparov vs. la IBM Deep Blue; la máquina perdió ante el campeón mundial en el año 1996, y posteriormente lo venció en 1997). En esos casos no es necesaria la manifestación física. Sin embargo, el punto es no olvidar que, más allá de la existencia de un cuerpo físico, debemos adentrarnos, aunque sea someramente, en el entendimiento del funcionamiento de estos *softwares* informáticos que, de manera física o no, intentan emular la acción humana en el sentido amplio, y que nos llevan a plantearnos el interrogante central de esta obra: la creatividad humana en el sentido que veremos más adelante.

Llegados a este punto, necesitamos adentrarnos en el funcionamiento de la I.A. para poder luego efectuar comparaciones con el funcionamiento de la mente humana, y desarrollar posteriores análisis. Para ello, debemos comprender qué es un algoritmo.

Algoritmos

De acuerdo con la RAE un algoritmo es:[2]

m. Conjunto ordenado y finito de operaciones que permite hallar la solución de un problema.
m. Método y notación en las distintas formas del cálculo.
Una mejor definición resulta ser: «Conjunto de reglas que, aplicadas sistemáticamente a unos datos de entrada

---

[2] https://dle.rae.es/algoritmo.

apropiados, resuelven un problema en un numero finito de pasos elementales»[3].

Estos algoritmos (este conjunto de reglas) deben ser codificados, escritos en lenguaje de programación; realizando una esquematización podemos decir que un algoritmo consta de tres partes bien diferenciadas. Y ellas son: el *Input* o entrada, el *Proceso*, y el *Output* o salida.

Podemos esquematizarlo así:

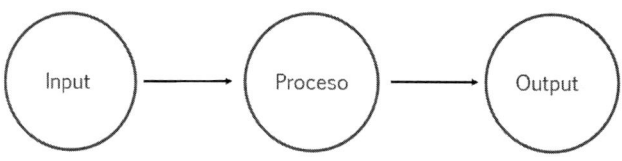

Imagen simplificada de un algoritmo.

El Input es aquel dato o información que se le otorga al algoritmo y que será utilizado para brindar una solución o resultado. Para el caso que nos ocupa, es decir, en analogía con la mente humana, lo vamos a asociar *prima facie* con los estímulos, las sensaciones y percepciones del ser humano.

El proceso es la concatenación de pasos, acciones o ejecuciones que transformarán el Input para lograr el Output. En otras palabras, es, continuando con la comparación antes aludida, el proceso mental.

La salida es el resultado, el derivado de la transformación del Input luego de efectuado el proceso. Es la manifestación de la emulación de ese proceso mental.

Los algoritmos deben tener ciertas características: deben ser precisos, objetivos, ordenados; son finitos y no infinitos; es decir, los pasos de su proceso están determinados, son concre-

---

[3] Definición esbozada por Peña Marí, profesor de la universidad Complutense receptada de: https://elpais.com/retina/2018/03/22/tendencias/1521745909_941081.html.

tos y deterministas. Ofrecen una solución para un problema que previamente se determinó. De igual forma, un mismo algoritmo, al recibir igual Input, debe arrojar igual resultado (salvo los casos de respuestas aleatorias programadas).

Es importante no perder de vista estas características, dado que nos van definiendo, aunque sea inicialmente, atisbos de limitaciones e imposibilidades sobre las que se basa la Inteligencia Artificial. Se desarrollarán en el epígrafe siguiente conceptos más avanzados sobre I.A., pero puede decirse que la unidad más pequeña de análisis o el ladrillo que hace a la construcción de esta disciplina es y resulta ser el algoritmo.

Finalmente, estos algoritmos, además de ser escritos en lenguaje de programación, deben ser definidos no solo en su Output, sino especialmente en las características y atributos de los datos que se usarán como Input, y la correcta descripción de los pasos o fórmula matemática llevada a cabo en el proceso para lograr el Output.

Machine Learning, Deep Learning y Redes Neuronales

Deviene justo no quedarnos únicamente con las definiciones de base de algoritmos que metafóricamente podríamos denominar los ladrillos que se utilizan o se basan para construir la disciplina de la Inteligencia Artificial. Al respecto debemos saber que nos encontramos por lo menos frente a tres conceptos diferenciados y que al mismo tiempo constituyen tres grados de evolución diferentes respecto de la disciplina sub exámine. Estos tres elementos o técnicas son: Machine Learning, Deep Learning y Redes Neuronales.

El Machine Learning o aprendizaje basado en la máquina busca la manera de que el mismo software aprenda de los resultados obtenidos. El aprendizaje se considera cuando la performance de la IA mejora con cada proceso, o lo que podemos decir con «su experiencia», y cuando la habilidad manifestada no estaba originalmente programada. Esto se utiliza para la construcción de modelos analíticos.

Una Red Neuronal Artificial es el modelo más evolucionado. Son un conjunto de neuronas artificiales que funcionan como unidades que tienen la capacidad de transmitirse información produciendo datos de salida. Entre cada unidad se transmite información, la palabra «red» hace alusión a las múltiples conexiones que pueden existir, dejando de lado el esquema simple de un input, un proceso y un output.

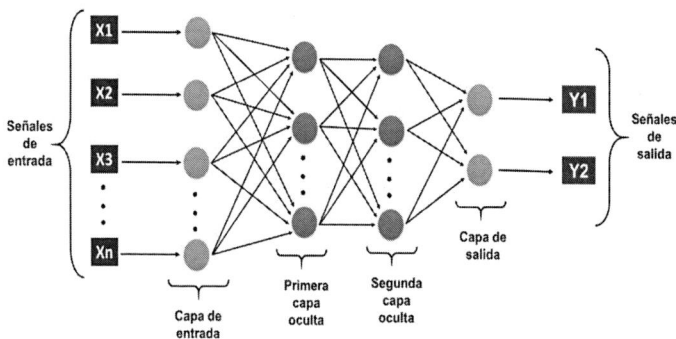

Ejemplo esquemático de red neuronal – fuente: https://deingenierias.com/inteligencia-artificial/redes-neuronales-en-inteligencia-artificial/

Por último, el aprendizaje a fondo —o en inglés, Deep learning— es la conjunción de algoritmos del caso Machine Learning que intenta realizar modelos abstractos. Los procesos dejan de ser lineales ya pudiendo ser en forma matricial. También utilizan lo que se denomina Redes Neuronales, en varias capas o forma de cascada. Estas técnicas permiten manejar grandes cantidades de datos y alguna de sus aplicaciones resultan ser el reconocimiento de imágenes (en base a modelos previos, puede reconocer si una foto posee una cara humana o no) y el habla o el lenguaje escrito.

En este sentido encontramos lo que se denomina Cómputo Cognitivo. Que son «sistemas de autoaprendizaje que utilizan la minería de datos, el reconocimiento de patrones y el procesamiento del lenguaje natural **para imitar el funcionamiento del cerebro humano**»[4] (el resaltado es propio).

Entonces objetivo final es que una máquina o IA de este tipo simule procesos humanos a través de la capacidad de, por ejemplo, interpretar el lenguaje y luego hablar de forma coherente pudiendo mantener una conversación como lo haría cualquier persona.

En este sentido corresponde mencionar que tal sistema se denomina Procesamiento del Lenguaje Natural (NPL por sus siglas en inglés) y justamente se refiere a aquella posibilidad de la IA de comprender el lenguaje humano.

Open A.I. GPT-3

Llegados a este punto es oportuno dedicarle unas breves líneas al sistema desarrollado por Open AI, (organización con sede en California, Estados Unidos que se dedica a desarrollar software de Inteligencia Artificial). Esta organización, ha desarrollado lo que se conoce como GPT-3 (en inglés Generative Pre-trained Transformer 3)[5] un programa de IA que tiene como objetivo producir textos que imitan a los textos producidos por los seres humanos.

Los textos producidos (o creados) por este potente software son de una supuesta excelente calidad, y resulta muy difícil para el usuario poder distinguir si se trata de un texto creado por una persona humana o por la Inteligencia Artificial.

---

[4] https://searchdatacenter.techtarget.com/es/definicion/Computacion-cognitiva-o-computo-cognitivo.

[5] Hoy en 2023 ya existe GPT-4 que es una versión mejorada del GPT-3

Este programa genera artículos o notas periodísticas y los humanos tienen poca probabilidad de poder discernir quien lo ha creado.

Al mismo tiempo, contamos con la existencia de ChatGPT, que es un chatbot de inteligencia artificial desarrollado en 2022 por OpenAI especializado en diálogo.

Este chatbot es capaz de responder prácticamente todo tipo de preguntas, como así también de realizar múltiples tareas. Es posible mantener conversaciones y pedirle que te ayude a resolver determinadas cuestiones como ser, por ejemplo, crear, mejorar o corregir un guion de un breve video. O encontrar errores en el desarrollo de código de programación. Entre otras cosas.

En cuanto a las críticas sobre este programa GPT-3 podemos encontrar un artículo del MIT (Massachusetts Institute of Technology)[6] que expresa que, si bien el software puede generar textos, al mismo tiempo «carece de compresión del mundo» y no es posible confiar en lo que genera dado que lo que solo hace este software es un análisis sintáctico, pero no así un entendimiento semántico. Es decir, del significado de las palabras. Sobre este importante punto volveremos más adelante.

Al mismo tiempo, es de suma importancia destacar que chatGPT responde solo en función a la información que está en internet (y hasta determinado período de tiempo). Esto es importante dado que si en internet la información que existe es que A + B = C, entonces chatGPT emitirá respuestas basadas en esa información (recordemos el algoritmo y el input).

Hoy en día existe una proliferación de nuevas tecnologías e I.A. que trabajan con información actual, como podría ser Bard, la I.A. de Google. Y muchísimas más.

Pero, ¿podemos decir que realmente conversamos?

---

6 https://www.technologyreview.com/2020/08/22/1007539/gpt3-openai-language-generator-artificial— intelligence-ai-opinion.

Test de Turing

Dicho lo anterior nos lleva inmediatamente a tener que derivar en dos cuestiones relacionadas. El test de Turing, y el experimento mental denominado habitación China, que corresponde al siguiente epígrafe.

Alan Turing fue un matemático e informático teórico británico nacido en 1912. Él propuso lo que se denomina test de Turing. Este test resulta ser una prueba de capacidad que se aplica a las máquinas para comprobar si manifiestan un comportamiento inteligente cual si fuese un ser humano.

La prueba consiste en que una persona examina conversaciones entre un ser humano y una máquina diseñada para brindar respuestas en lenguaje natural vía escrita. El único dato que posee el evaluador es el hecho de saber que uno de los interlocutores bajo observación es un humano y otro no, puesto que resulta ser la máquina. Si el evaluador no pudiese determinar cuál es cual, la máquina ha superado con éxito el test de Turing. Cabe decir que el éxito de la prueba no determina si la máquina tiene o no capacidad para entender qué es lo que se está conversando, sino tan solo si tiene la capacidad para responder o mantener una conversación tal si la misma fuese mantenida entre personas.

En sus estudios, Turing se formula las siguientes preguntas, ¿Pueden pensar las máquinas?, ¿Existirán computadoras digitales imaginables que tengan un buen desempeño en el juego de imitación?».

Experimento mental y refutación: la habitación China

John Searle es un profesor de filosofía del lenguaje en la universidad de California. El propuso el siguiente experimento mental, el cual se denomina «Habitación China». Tal experimento fue diseñado para intentar rebatir la validez del test de Turing y la creencia derivada de este último, es decir que la capacidad de computar es sinónimo de pensar, y aún más grave o erróneo, de comprender.

Searle escribe Minds, Brains and Programs y afirma que el test de Turing es insuficiente, dado que un software puede aprobarlo sin que ello signifique que ha realmente comprendido lo que se está conversando. Por lo tanto, no puede afirmarse que la máquina piense, o mucho menos, comprenda.

Para establecer de manera categórica que una máquina piensa debe poderse probar que la misma es capaz de comprender, de entender qué es lo que se está diciendo. Es decir, de comprender el significado de las palabras (semántica). De acuerdo con Searle la prueba de Turing no puede probar la capacidad de compresión de una máquina. Dado que, para ello, la mente humana no trata solo de poder manipular la sintaxis, sino que además debe manejar (y de hecho maneja) la semántica para ser consciente de los significados que implican las palabras mismas en el mundo real.

Para poder visualizar este experimento mental procederé a describirlo de la siguiente manera: debemos imaginar una habitación completamente cerrada salvo por dos pequeñas rendijas, una dice entrada y otra salida. En la misma habitación existe una persona que no habla el idioma chino y solo habla castellano, pero que sin embargo posee un manual de procedimientos en idioma castellano, y una bolsa llena de fichas con caracteres chinos; asimismo en el manual de procedimientos se le indica que si recibe una ficha a través de la rendija —entrada— con un determinado sinograma (caracter chino) deberá coger otra determinada ficha con un caracter predeterminado introducirlo por la rendija que dice salida.

Para un observador del exterior, que no sabe que hay dentro de la habitación, puede ver que, ante un determinado estímulo o Input, recibe un determinado Output. Si el observador del exterior hace una pregunta o comentario introduciendo caracteres chinos por la rendija, la habitación devolverá la respuesta con otros caracteres en idioma chino. Estamos hablando nada más ni nada menos que las mismas categorías o componentes de los algoritmos, en donde poseemos Inputs, Outputs, y el proceso viene dado por el manual de procedimientos, en este caso en idioma castellano en lugar de lenguaje de programación. Ahora la pregunta es la siguiente, significa que ¿la persona dentro de la habitación sabe, comprende, entiende o puede razonar en chino? La respuesta es negativa.

Capítulo II

¿Es creativa la inteligencia artificial?

La Ciencia puede descubrir lo que es cierto,
pero no lo que es bueno, justo y humano
Marcus Jacobson

Para realizar un acercamiento que permita responder esta pregunta de manera razonable podemos abordarla como se propone en el presente capítulo.

Analizar cualquier cuestión bajo el nivel histórico, ético y teórico nos arroja luz sobre el objeto de estudio de una manera más integradora. Es importante observar si existe coherencia o contradicciones entre los diferentes enfoques.

Análisis de la I.A. bajo tres enfoques

En el presente capítulo tiene por objetivo efectuar acercamientos al objeto de estudio bajo la metodología de análisis de los tres niveles o enfoques. En el campo histórico no ahondaré demasiado y ello es así dada las limitaciones bibliográficas al respecto. Por lo que serán unas breves líneas sobre orígenes y determinados hitos que han acontecido en el estudio de la disciplina de la IA, pero que resultan de interés tenerlas presentes.

En el enfoque teórico, lo que a mi entender constituye el cuerpo central del trabajo, podrá observarse que pareciera correrse el foco del objeto de estudio (a primera vista la IA) sin embargo esto no es así. Sin temor a ser reiterativo, lo que se busca es aportar respuestas a los interrogantes que giran en torno a si la IA es creativa, como así también si puede serlo; y de responder positivamente si podrá suplir a la creatividad humana. Por ello es por lo que es necesario comprender acabadamente qué es lo que hace a la creatividad humana. Tan importante para la humanidad.[1]

Para intentar alcanzar ese objetivo, o al menos acercarse lo más posible, se ha decidido partir desde el estudio praxeológico de la acción humana. Y con este punto de partida resulta imperante comentar y analizar, aunque sea de manera sucinta, aspectos que tienen que ver con el campo de la psicología, la biología, y el lenguaje. Como así también aportes sobre la filosofía de la inteligencia y el conocimiento realizados por Bergson, Popper, Hazlitt entre otros. Todo lo traído al presente análisis hace al entendimiento de la mente humana en su faz creadora.

Sin embargo, cabe aclarar que es altamente probable que muchos aspectos y temas vinculados hayan quedado fuera del análisis, por eso, puede considerarse que la lista es abierta dado que campo sobre el conocimiento de la mente es sumamente amplio. Todo ello sin perjuicio de que con los aspectos tratados ya se pueda arribar al menos a determinadas conclusiones o a realizar ciertas aproximaciones.

En el enfoque ético se realizan vinculaciones entre las leyes de la robótica de Isaac Asimov y la ética propugnada por Ayn Rand, en un estudio simple pero revelador.

---

[1] Cómo así también tan importante para la filosofía de la Escuela Austriaca. Dado que uno de los pilares de la Escuela Austriaca de economía es la función empresarial, que descansa en el entendimiento de la innata capacidad creativa del ser humano. Motor que impulsó y ha desarrollado la civilización.

Brevísima historia de la I.A

Teniendo en cuenta lo que busca el presente texto debemos descartar el estudio de determinadas cuestiones. Corresponde buscar dónde se encuentra el punto de inflexión o punto de partida que da comienzo al paradigma actual de considerar a una inteligencia artificial que, a priori, poseería características creativas como posee la mente humana.

Tal como se mencionaba al inicio del presente capítulo es correcto mencionar algunos aspectos históricos de la Inteligencia Artificial como disciplina. Podemos encontrar en internet artículos y autores que remontan sus orígenes al estudio de la lógica y los algoritmos, yendo a la Grecia clásica. Pero esto no parece del todo adecuado dado que en todo caso podríamos estar analizando la historia de las disciplinas u otras ciencias sobre las que se apoya la IA pero no a ésta última como es entendida en la actualidad.

Para entender a la IA evolucionada como tal, sabemos que se sustenta en gran medida por la lógica y la matemática. Pero el salto cualitativo viene dado de la invención de las primeras computadoras —o máquinas capaces de realizar cómputos— por la década del cuarenta del siglo pasado.

Posteriormente, y dado que cada vez con mayor vehemencia los programadores y científicos intentan emular con mayor precisión y exactitud a la mente humana, la disciplina se ha ido nutriendo de otras ramas del saber como la filosofía, la neurociencia, la lingüística, etc.

En 1943 Walter Pitts junto con Warren McCulloch y presentaron su modelo de neuronas artificiales pudiendo atribuirse esta idea a estas dos personas.[2]

Siete años más tarde, tal como se ha mencionado en el capítulo I del presente texto, Turing en el año 1950 se formuló aquellas importantes preguntas ¿puede pensar una máquina?

---

[2] http://medicinaycomplejidad.org/pdf/reciente/r31459.pdf .

Dado que formular preguntas, cuestionar, que no es más que poner en duda lo afirmado por alguien, es la base de toda ciencia y conocimiento, este puede ser un hito importante que considerar. Una pregunta correcta en el momento adecuado puede expandir el campo epistemológico, y de hecho así lo hizo. La pregunta de Turing pudo haber cambiado el paradigma y la visión sobre las máquinas, y ser el puntapié inicial para comenzar a observarlas y diseñarlas con el propósito de emular el comportamiento humano.

Teoría.
Los elementos de la mente humana

El presente epígrafe constituye el cuerpo central del presente trabajo. En el mismo se pretende realizar aproximaciones al entendimiento y estudio del funcionamiento de la mente humana. El fin es intentar comprender la capacidad creativa del ser humano, para finalmente discurrir acerca de la factibilidad o no de la Inteligencia Artificial de imitar tal capacidad innata de las personas.

Es cierto que a medida que se va profundizando el análisis la línea divisoria entre praxeología y psicología se va tornando cada vez más difusa y compleja de seguir. Tal como señala Huerta de Soto, le corresponde «...al psicólogo estudiar con detalle el origen de la fuerza innata del hombre». Sin embargo, se ha intentado iniciar el camino del análisis crítico desde la praxeología considerando elemento por elemento. Luego fueron muy valiosas las aportaciones de Hayek en su obra el Orden Sensorial para entender las relaciones mente-cerebro y mente-mundo físico (que es donde se actúa). Corresponde admitir que en ciertas ocasiones resulta difícil no haber pisado demasiado, el campo de la psicología y cuando no, la metafísica. Esto puede deberse fundamentalmente al alcance y límites de la misma praxeología frente al objeto de estudio que resulta ser nada más ni menos que la mente humana.

Todo esto intentó realizarse sin olvidar el eje central del trabajo que termina por ser el hecho de comprender aquella innata capacidad creativa del ser humano contrastada con la Inteligencia Artificial.

Esto es importante, recapitulando, porque dentro de la Escuela Austriaca de economía uno de los elementos fundamentales es la figura del empresario, o mejor dicho el concepto de la función empresarial, tanto en su sentido amplio como restringido. Se puede entender la función empresarial como la capacidad inmanente al ser humano que permite darse cuenta de las oportunidades que ofrece el entorno para lograr sus fines y actuar con el objetivo de lograr los mismos. Esta capacidad creadora, que permite alcanzar los fines que se ha propuesto el ser humano a lo largo de la historia es, ha sido y será el motor del desarrollo de la civilización.

A continuación, se procede a desarrollar muy brevemente los elementos constituyentes de la acción humana, no sin antes mencionar y traer a colación las palabras de Mises sobre el requisito previo de la acción humana y que resulta uno de los puntos más importantes que posteriormente se analizarán junto a los procedimientos de la I.A.

Mises nos dice: que «El hombre al actuar aspira a sustituir un estado menos satisfactorio por otro mejor. La mente presenta al actor situaciones más gratas, que este, mediante la acción pretende alcanzar. Es siempre el malestar el incentivo que induce al individuo a actuar»[3] volveremos sobre esto más adelante.

En cuanto a los elementos de la acción humana:

1) Fin: es aquello que la persona se propone lograr con su acción. Cuando actuamos, tenemos por objetivo al hacerlo lograr el fin que nos hemos propuesto. Los fines son subjetivos,

---

[3] L. von Mises. *La acción humana.*, Unión Editorial, p. 18.

siempre determinados por la persona que actúa y pretendemos lograrlos porque para el sujeto que actúa ese fin tiene valor.

2) Valor: es la apreciación psíquicamente intensa que se le da al Fin. El valor siempre es subjetivo, nunca objetivo. Esto lleva implícito, pero muy importante, que el valor no se puede medir. En todo caso se pueden efectuar comparaciones o jerarquías; pero siempre intrapersonales. Por ejemplo, me gusta X más que Y. Siempre es el individuo que actúa quien establece sus propias jerarquías. Es importante destacar que valor y fin están ligados, y un tercero solo puede observar y entender ese fin valorado cuando el sujeto actuante ha procedido a realizar la acción.

Medios: los medios son todo aquello que el actor subjetivamente cree que le va a ayudar al fin que se propone. Al igual que los fines, los medios son siempre subjetivos y nunca objetivos. Que algo sea un medio para lograr un fin lo determina el sujeto que actúa en el marco de cada acción.

3) Utilidad: la utilidad es la importancia que le damos al medio. Es mayor o menor según el medio ayude a lograr o contribuir el fin que se persigue. También es subjetiva, dado que deriva de nuestra creencia sobre si servirá o no para el fin determinado. Su valor es indirecto dado que no se experimenta una satisfacción inmediata con un medio, sino que es el fin lo que nos proporciona satisfacción. Tampoco podemos medir la utilidad dado que forma parte de nuestro espectro psíquico, y nuestra creencia sobre lo potencialmente útil o no, en el marco de la acción.

4) Escasez: la escasez también es subjetiva dado que es el sujeto que actúa quien considera que un medio es suficiente o insuficiente para lograr un fin. No es escaso lo que nadie cree que es insuficiente. Aquellos bienes que no son escasos no son tenidos en cuenta a la hora de actuar y el ejemplo típico es el aire, lo que constituye un bien libre. Es el ser humano es el único que determina que es y no es escaso. Cuando algo es escaso la mente humana se moviliza para superar esa escasez.

5) Plan de actuación: es la representación mental prospectiva imaginaria sobre las posibilidades, etapas, medios y circunstancias cara a las acciones para lograr fines. Es una ordenación práctica. Es importante mencionar que toda acción tiene plan. Lo que puede suceder es que este puede ser implícito, tácito. De acuerdo con el tipo de acción si la actividad resulta más o menos compleja, puede resultar tan automático que pasa inadvertido. Sin embargo, cuando la acción resulta de mayor complejidad, como por ejemplo montar una empresa o realizar un viaje el plan de acción deja necesariamente de ser implícito y podemos advertirlo más fácilmente. Cuanto más importante sea la acción, mayor elaboración y complejidad tendrá el plan.

Ligado al plan de actuación, la acción propiamente dicha. Ante la pregunta: ¿Quién debe planificar? La respuesta debe ser categórica y contundente: la persona que actúa. Ello es así dado que quien actúa juega su vida en la acción, gasta su propio tiempo y su energía. No cabe concebir que la planificación sea realizada por un tercero, sea gobierno, experto, director o emperador, democracia o decisión del pueblo. La acción es pura y exclusivamente individual. Teniendo en cuenta que los fines son subjetivos, es el individuo el que debe planear.

7) Acto de voluntad: es la movilización propiamente dicha. La acción y puesta en movimiento en pos del fin.

8) Costo: es aquel valor subjetivo al que la persona que decide actuar renuncia para usar los medios para otro fin que se valora más. Dicho de otra forma, es la alternativa mayormente valorada a la que se renuncia para llevar a cabo una acción determinada.

9) El tiempo: toda acción humana siempre se desarrolla en el tiempo. No es posible concebir accionar humano sin tiempo. Asimismo, las personas experimentamos el tiempo conforme actuamos, sólo así experimentamos su fluir. En este sentido es un tiempo praxeológico, absolutamente subjetivo, y al ser así es objeto de las ciencias económicas. Es impor-

tante realizar esta diferenciación del tiempo objetivo, físico newtoniano, espacializado o analógico.

Los conceptos aquí mencionados constituyen los elementos de la acción humana.

Continuando con el análisis, a estos conceptos debe agregarse el siguiente breve razonamiento: el ser humano ve, observa su contexto, su entorno, se relaciona con los objetos materiales (y otros seres) que existen en él, todo ello en simultáneo con los procesos internos mentales, las sensaciones y las percepciones. Posteriormente realiza un juicio, utilizando sus capacidades mentales y finalmente procede a actuar para lograr un fin.

Esto podría concebirse desde el análisis praxeológico propiamente dicho, pero la pregunta que surge es qué sucede entre el paso —o momento— primero si se quiere (el de observar y sentir en el entorno) y la utilización de la mente para realizar el juicio y las valoraciones (que podría ser el paso o momento dos). Todo ello antes de actuar. Es decir, en el medio. Sin intentar trazar con precisión quirúrgica si es exactamente entre ambas fases o si existe una inclinación, o bien si sucede simultáneamente todo en la fase uno, tenemos al prerrequisito de la acción, (sustituir un estado de insatisfacción por otro de mayor satisfacción). Pero también tenemos el desarrollo y la elaboración del fin, que, si bien puede estar ligado al prerrequisito, no necesariamente debe ser así.

En cuanto a la elaboración del fin no procede adentrarme en semejante análisis dado que excedería el objetivo, alcance y limitación del presente trabajo. (habría que evitar caer en aspectos filosóficos y metafísicos que derivarían en realizar análisis sobre el sentido o fin último de la vida). Todo ello sin perjuicio de los comentarios y menciones que se hacen a lo largo del presente texto. Pero no debemos dejar de desconocer que es una cuestión de suma importancia, y que posiblemente no exista consenso científico en la actualidad.

Seguidamente debemos analizar aquellos procesos mentales que nos puedan brindar las respuestas necesarias para continuar con el análisis.

Sensaciones y percepciones del ser humano

Lo primero que debemos estudiar es el funcionamiento de la mente humana en su faz más rudimentaria. Intentar comprender la captación de datos, manejo, clasificación hasta llegar a construir información. Y para todo esto resultan adecuadas las aportaciones del libro *El orden sensorial* de Friedrich Hayek, como así también en el artículo del Dr. Martínez Meseguer titulado «La epistemología de la Escuela Austriaca de Economía», que hace un estudio en profundidad del citado libro.

Todo ello con el objeto de responder a las preguntas ¿qué es la mente? ¿cómo funciona? ¿cómo adquirimos conocimiento y cómo lo transmitimos? Dado que, si lo que intentamos analizar y descubrir es la factibilidad de la Inteligencia Artificial para imitar la capacidad creativa de la mente humana, debemos profundizar estos aspectos a los efectos de intentar responder estos interrogantes.

Las sensaciones son los datos proporcionados por los sentidos a nuestro cerebro. Mientras que la percepción es la facultad de clasificar dichas sensaciones.

Esta clasificación inicial se encuentra ligada al hecho de querer dar sentido, significado y nombre a las sensaciones, como así también clasificarlas de buenas o malas. Posteriormente en el epígrafe correspondiente a la ética procederemos a explayarnos brevemente sobre aquella clasificación de buena o mala para el ser humano.

No es lo mismo lo percibido, que las sensaciones. Aprendemos a relacionarnos con los objetos —y con otros seres— y a reconocerlos. Pero los sentidos nos proporcionan información incompleta sobre esos seres, objetos e interacciones.

A todo esto, tenemos que adicionarle el papel que juega la memoria. La intervención de la memoria está ligada con experiencias pasadas, y puede generar sesgos conscientes e inconscientes. Existen luego errores sucesivos en los procesos de adquisición de conocimiento. Son procesos necesariamente imperfectos, dado que un elemento fundamental en el proceso de aprendizaje y adquisición de conocimiento es el error.

De acuerdo con Hayek, percibir es clasificar el mundo en diferentes conjuntos de relaciones entre estímulos. Estímulos cuyas formas de percepción se formaron a lo largo de la evolución de cada especie y del propio individuo.

Todo esto es de vital importancia dado que entonces, el sistema nervioso —su parte función percepción— resulta ser, lato sensu, un instrumento clasificatorio. Las propiedades estructurales y funcionales del sistema biológico derivan de las relaciones entre sus componentes y no de las propiedades individuales de esos componentes en forma aislada.

La conclusión de Hayek es que la inteligencia deriva, entre otras cosas, del número y forma de conexiones y redes neuronales. Basándose el orden sensorial y las percepciones en las relaciones entre los elementos y su orden, más que en los elementos mismos.

El poder de reconocimiento de objetos (y otros seres) y la capacidad de efectuar relaciones es clasificar o categorizar y ello deriva de la capacidad de percepción. Si no hay capacidad clasificatoria lo observable o la realidad en cuestión no es más que información sin sentido obtenida por sensaciones.

Seguidamente, y avanzando unos pasos en lo que respecta a la filosofía de la mente, percepción, memoria, y lenguaje, son las funciones cognitivas fundamentales. Y son el resultado de la activación ordenada de las redes neuronales dentro de nuestro cerebro.

Entonces finalmente abordamos al lenguaje, que es la herramienta por excelencia para la clasificación de elementos y la relación entre los mismo. Como así también la posibilidad de compartir las clasificaciones con otras personas y aprender en el proceso. El abordaje del lenguaje es un punto en común que utilizaremos para contrastar con la Inteligencia Artificial.

No es ninguna casualidad que el vocablo Inteligir, que proviene del latín intelligere y que signifique entender, saber escoger o saber leer entre líneas.[4] A mayor capacidad de inteligencia, mayor capacidad de discernimiento. De leer entre líneas, y de poder ver lo que otros no ven. Mayor capacidad de clasificar y distinguir lo que es de lo que no es. De la mano de ello viene asociado también la pobreza o la riqueza del lenguaje del actuante, dado que una mayor riqueza del lenguaje permite hacer más y mejores clasificaciones, más profundas e incluso abstracciones más complejas. No intento marcar aquí una relación causa consecuencia, o la dirección o sentido entre el lenguaje y la inteligencia, sino más bien tan solo dejar expresada una relación.

El lenguaje y los conceptos

Fueron muchos los factores que hicieron que el lenguaje aparezca de manera espontánea. El humano primitivo estaba dotado de capacidades que se fueron perfeccionando con el tiempo como, por ejemplo: abstracción, generalización, descubrimiento, transmisión, acumulación de información y de institucionalización. La capacidad lingüística de los seres humanos tuvo un papel fundamental, fue una ventaja adaptativa y comparativa que proporcionó la posibilidad de transmitir información sobre conductas aprendidas. Y esto último no es un dato menor. El origen de este proceso podría inferirse a la transmisión básica de información simple del tipo dicotómica del tipo: Sí/No; Bueno/Malo, (podríamos

---

[4] http://etimologias.dechile.net/?inteligir.

decir Binaria aludiendo al lenguaje de ceros y unos de las computadoras) que con el tiempo fueron evolucionando a formas más complejas.

Con el tiempo, esta ventaja de los seres humanos sobre otros seres fue dando lugar a que la información haya sido posible de ser almacenada a través del lenguaje. Además permitió transmitir, a través de las generaciones, enormes cantidades de información respecto de las conductas correctas o favorables y las desfavorables. Y sobre aquellas que facilitaban la consecución de fines de manera más fácil y segura.

Si pensamos en la finalidad de la semántica (a mayor abundancia destaco su importancia más adelante) es la de ir entendiendo, vía descomposición, el significado de las palabras en unidades más pequeñas. Analizando las diferencias de aquellas que puedan tener significado tanto parecido u opuesto. Pero esta forma de verlo, resulta ser la manera inversa al hecho de cómo es que probablemente se ha desarrollado el lenguaje. Y es que de pequeños sonidos (o pequeñas palabras, como más arriba se exponía, inicialmente dicotómicas) se han ido añadiendo a otros, para ir formando poco a poco y de manera evolutiva la comunicación a través del lenguaje en primera instancia oral.

El pensamiento es la adquisición de conocimiento que se retiene en la memoria en forma de proceso simbólico. Este es un proceso interno, complejo. Y el lenguaje humano es la expresión del pensamiento mediante signos en forma oral y escrita.

«El lenguaje nos sirve para decir y expresar algo, y, en este sentido, las palabras serían expresiones de conceptos, de tal manera que el lenguaje formaría un sistema que posibilitaría la interpretación y la representación de lo que entendemos por realidad», apunta Martínez Meseguer en el mencionado artículo.

Los conceptos son símbolos que representan clases de objetos o acontecimientos. Adquirir un concepto es adquirir la compresión de una regularidad detectada que antes no se conocía. Cuando se tiene el concepto este mismo se puede transmitir, usarse para resolver un problema o utilizarse como base para aprender otro concepto aún más complejo. Existe una relación de identidad o al menos vínculo inseparable entre pensamiento y lenguaje.

Esquematizando el proceso mental de manera ordinal tendría el punto de partida en los estímulos, seguido de: los sentidos, los procesos de clasificación y reclasificación, la formación de modelos del mundo físico, la creación de abstracciones, el pensamiento conceptual, y finalmente el lenguaje.

El comportamiento mecánico y la acción humana consciente

Lo que lleva a actuar o a adoptar un comportamiento es un estímulo, externo o interno.

Los estados internos —que son provocados por estos estímulos— generan necesidades y el humano busca cambiar ciertos sentidos para superar una carencia sentida. Esa carencia sentida es la motivación que es la impulsora de las acciones. El orden es: Estímulo, necesidad, motivación y acción. Esto se encuentra en consonancia con el prerequisito de la acción de Mises manifestado anteriormente.

La necesidad y la motivación no son observables, pertenecen al mundo subjetivo de cada persona, son internas y, por lo tanto, un tercero observador, no posee información suficiente al respecto. Se pueden deducir parcialmente del estímulo y comportamiento desencadenado, es decir de la acción o de las acciones observables.

En cuanto a la acción, Mises establece tajantemente la diferenciación entre aquella que es consciente de la que no lo es. Diciendo que: «el proceder consciente y deliberado contrasta con la conducta inconsciente, es decir, con los reflejos o involuntarias reacciones de nuestras células y nervios ante las realidades externas». Al actuar, buscamos sustituir un estado de insatisfacción por otro de mayor satisfacción.

La importancia de la semántica frente a la sintaxis

De acuerdo con la Real Academia Española, el vocablo —semántica[5]— proviene del griego *sēmantikós* que significa: significativo[6]. En sus acepciones encontramos:

1 f. Significado de una unidad lingüística.

2 f. Ling. Disciplina que estudia el significado de las unidades lingüísticas y de sus combinaciones.

A su vez, efectuando la búsqueda en el diccionario etimológico nos encontramos con el resultado de: «Significado relevante». Esto resulta interesante dado que este subcampo de la lingüística fijaba la correspondencia entre las formas de expresión (vocablos) y su relación con las situaciones y objetos del mundo físico o abstracto. Que algo sea relevante o no, implica necesariamente una visión subjetivista del mundo.

En cambio, la sintaxis, también de acuerdo con la RAE significa:[7]

2 f. Gram. Parte de la gramática que estudia el modo en que se combinan las palabras y los grupos que estas forman para expresar significados, así como las relaciones que se establecen entre todas esas unidades.

3 f. Inform. Conjunto de reglas que definen las secuencias correctas de los elementos de un lenguaje de programación.

La capacidad de comunicarse y comprender a un interlocutor estriba más en la capacidad de entendimiento semántico, es decir en el significado relevante del término, que en la correcta ordenación y combinación de las palabras. Dos personas que hablen diferentes idiomas pueden llegar a en-

---

[5] https://dle.rae.es/sem%C3%A1ntico#XVRDns5 – RAE búsqueda: Semántica.

[6] http://etimologias.dechile.net/?sema.ntica – Etimología búsqueda: Semántica.

[7] https://dle.rae.es/sintaxis.

tenderse, aunque sea parcialmente si comprenden y comparten el significado de las palabras, con independencia de si la oración expresada se ajusta a una correcta sintaxis.

Que un ente tenga la posibilidad de comprender el significado de las cosas —físicas o no— en el marco del proceso de lenguaje, implica que tiene capacidad de entender su posición, estado y relación con el mundo exterior en el que actúa. Que algo sea relevante o no lo sea, depende enteramente del sujeto actuante, en el marco y contexto de la acción que está llevando a cabo. Dicho de otra forma, entendemos el significado de las cosas, porque somos. Somos en el mundo, y a través de los sentidos lo percibimos. Pudiendo clasificar en primitiva instancia —dicotómica o binaria por cierto— aquellas cosas buenas versus aquellas malas.

Especialización, división del trabajo y conocimiento

Henri Bergson fue un filósofo y escritor francés ganador del Premio Nobel de Literatura en el año 1927. Ha hecho enormes contribuciones y aquí se encuentran receptadas sus ideas y aportes sobre sus discursos alusivos sobre la especialización, el buen sentido, y la inteligencia. Sus formulaciones son traídas al presente análisis dado que aportan luz a las preguntas que en el mismo se formulan.

En primer lugar, corresponde comenzar por el asunto de la especialización, al respecto Bergson expresa en una de sus obras: «El hombre de una sola ocupación se parece mucho al hombre de un solo libro: no sabría de qué otra cosa hablarles».[8] Más adelante prosigue: «La especialización que hace monótono al erudito, vuelve estéril a la ciencia».[9]

---

[8] H. Bergson. *La inteligencia*. Editorial Interzona. 2016. Discurso pronunciado en la entrega de premios del liceo de Angers, 3 de agosto de 1882. Editado por primera vez en Angers, imprenta Lachese & Dolbeau, 1882. Pág. 11.

[9] Ibíd. Pág 12.

Es un gran error asimilar el trabajo intelectual al trabajo manual decía Bergson, posiblemente con toda razón. Desde luego que en el año 1882 no se concebía hablar sobre robótica o IA como se hace ahora. Lo que se propone es la siguiente analogía.

Según Bergson, lo que se le pide al trabajo manual es que sea rápido (quitando las obras artesanales de sello personal). Y solo puede ser rápido si es mecánico. Siguiendo el razonamiento de Bergson la máquina trabaja más velozmente que el hombre porque divide el trabajo para cual tiene un mecanismo y está especialmente diseñada.

Sin embargo, en el campo del intelecto la situación es bien diferente. La facultad mental se desarrolla y perfecciona cuando se le posibilita hacerlo en todas direcciones y no en una única tarea repetitiva. Por supuesto que hay un tipo de inteligencia que se destaca por sobre otra, o bien facultad mental; sin embargo, el punto aquí es comprender esa capacidad creativa humana en el marco de las múltiples tareas que puede realizar la mente humana, con independencia de su grado de desarrollo o habilidad destacada.

En el caso de los softwares de Inteligencia Artificial, los mismos están diseñados para realizar una única tarea específica y no otra; al igual que una máquina que dobla el acero, o corta madera, hacen eso y tan solo eso. Sucede que en un mundo del conocimiento que ha hecho el trasvase de la manufactura a la mente-factura, las capacidades computacionales de la IA asombran y producen una ilusión de una inteligencia endiosada, la cual no debe obnubilarnos.

La diversidad de la mente humana es infinita. La idea se basa en que una de las sustanciales diferencias entre los procesos computacionales humanos y artificiales (es decir quitando todo lo referente a aquellas cuestiones sobre fines, sentimientos, vivencias, y aspectos metafísicos y misterios sobre el ser humano sobre lo que explayaremos más adelante) es la capacidad de saltar de manera natural entre procesos que tienen lugar en diferentes campos de acción o de pensamiento. Algo que evidentemente la IA no hace.

En este sentido Bergson, sobre Descartes, decía: «...él creía conveniente estudiar todas las ciencias para ahondar en una sola. Y en su vasta inteligencia, los conocimientos más diversos, la geometría y la metafísica, se habían unido hasta casi confundirse. Así su concepción filosófica del espacio lo llevó a descubrir la geometría analítica, y sus reflexiones sobre los atributos de Dios lo condujeron a la teoría de las ondulaciones».[10]

Es esta confusión, no solo de los campos de conocimiento, sino de la capacidad potencial del ser humano para actuar, y pensar en múltiples sentidos y resolver una diversidad amplia de tipos de problemas lo que constituye uno de los pilares fundamentales de la capacidad creativa humana.

Es que los aportes de Bergson amén de haber sido realizados hace aproximadamente 130 años, han resultado transversales a todo el cuerpo teórico que se ha utilizado en el presente análisis que tiene que ver con la Inteligencia Artificial y sus interrogantes sobre la creatividad. Con claridad y genialidad Henri Bergson se ha expedido sobre el lenguaje, la fuerza de voluntad, y la «potencia creativa del esfuerzo» como algo que maravilla todo lo que toca. Asimismo, también se expresó sobre el concepto de utilidad (recordemos los elementos de la acción humana vistos anteriormente). Y si vinculamos los aportes de Hayek en su obra el Orden Sensorial sobre los sentidos, Bergson dijo muy en armonía que: «...el papel que desempeñan nuestros sentidos, en la mayoría de los casos, no es tanto el de hacernos conocer los objetos materiales como el de señalarnos su utilidad...»[11], más adelante entre la voluntad y la práctica (o los fines prácticos) agrega: «No puedo representarme ni un juego de voluntades asociadas

---

[10] Ibíd. Pág. 17.

[11] H. Bergson. *La inteligencia*. Editorial Interzona. 2016. Discurso pronunciado en la entrega de premios del Concurso general, en el gran antiteatro de la Sorbona, 30 de julio de 1895. Pág. 46.

que no tenga un fin ulterior razonable, ni un funcionamiento natural del pensamiento que no tenga un destino práctico».[12]

Con relación al lenguaje, Bergson se ha anticipado de manera brillante dejando una pista que hace a este análisis cuando dijo: «Uno de los mayores obstáculos a la Libertad del espíritu, decíamos, son las ideas que el lenguaje nos ofrece ya hechas»[13]. Como se ha desarrollado en páginas anteriores el lenguaje juega un papel relevante a la hora de indagar sobre el razonamiento humano y la facultad creativa de la mente.

Al fin y al cabo, la fuerza de voluntad y pasión de las grandes cosas son las reservas invisibles de energía que alimentan la inteligencia, y esa inteligencia depende en gran medida de la capacidad de armonizar las cosas nuevas, darles seguimiento y la plasticidad para adaptarse a acontecimientos sin precedentes. Formas imprevistas y ondulantes que presentan cada caso en particular. «La flexibilidad que le permitirá pasar fácilmente de lo que se sabe a lo que se ignora, y utilizar un poco en todas las áreas la precisión que habrá conseguido en un área particular».[14]

Para finalizar con Bergson, él manifiesta que las discrepancias, los desacuerdos, y los errores derivan de la mezcla de las pasiones humanas con las ideas, esa parte divina del ser humano. A tal aseveración podríamos adicionarle que quizás, esa parte divina del ser humano resulta ser justamente el hecho de haber sido creado a imagen y semejanza de Dios, en cuanto a su capacidad creadora. Esos errores, o resultados derivados de la lucha interna, o externa, animal-deidad, también resulta a todas luces beneficiosa. Dado que error puede ser tomado como fuente de verdad.

---

[12] Ibíd. Pág. 55.

[13] Ibíd. Pág. 57.

[14] H. Bergson. *La inteligencia*. Editorial Interzona. 2016. Discurso pronunciado en la entrega de premios del Liceo Voltaire, julio 1902. Pág. 76.

La prueba y el error como fuente de conocimiento

La metodología de aprendizaje popperiana es nada más ni nada menos que la prueba y el error.[15] Al mismo tiempo y en ese sentido, Dario Antiseri en su obra *La Viena de Popper*, nos explica el desarrollo e influencia que tuvo Ernst Mach en Karl Popper.

Mach fue un físico y filósofo austríaco que publicó en el año 1905 Erkenntnis und irrtum (conocimiento y error). En esta obra, Mach se pregunta: «¿con qué medios ha crecido efectivamente hasta ahora el conocimiento de la naturaleza y cómo se espera que procederá en adelante?» a los efectos de poder determinar cómo es que procede el crecimiento del conocimiento.

Es muy interesante la respuesta o conclusión, dado que tiene total relación con la esencia del presente trabajo y que desarrollaremos más adelante. La respuesta dice: «el pensamiento común —por lo menos en sus comienzos— **está al servicio de los fines prácticos, en un primer tiempo la satisfacción de necesidades corporales.** El pensamiento científico ya reforzado se crea por sí mismo sus propios fines, trata de satisfacerse a sí mismo»[16] (el resaltado es propio).

Siguiendo el estudio de Antiseri sobre Popper y la influencia de Mach, el conocimiento está al servicio de la vida (del logos al bios) en su fase inicial, y posteriormente acontece una suerte de proceso de desarrollo darwiniano en donde las ideas deben tener coherencia (ser adaptables entre sí), deben resolver problemas (adaptarse a los hechos) y por lo tanto adaptarse y responder a la realidad. Es decir, al mundo cognoscible, o dicho de otra forma al entorno percibido por los sentidos.

---

[15] Artículo de David Harper. «How Entrepreneurs learn: A Popperian approach and its limitations».

[16] D. Antiseri. *La Viena de Popper*. Unión Editorial, Madrid 2000.

Mach dice que «la ciencia en devenir se mueve por conjeturas y refutaciones» (Mach, 1905). O bien conjeturas y correcciones. De acuerdo con Mach, una hipótesis es una conjetura provisional que se formula con intenciones de entender más fácilmente los hechos pero que aún no afronta la verificación factual y que debe ser sometida a prueba cuanto antes.

Por ejemplo, si llevamos estas ideas al plano económico en general y a la figura o función empresarial en particular, esto se encuentra íntimamente vinculado al «empresario popperiano» (Harper, 1999) quien dentro de los procesos de mercado tiene tendencia a la acción para someter a prueba sus conjeturas. Posteriormente luego puede suceder que aprenda o no del error, si es que su hipótesis no fue validada. Dicho de otra forma, el empresario pone en acción su creatividad y combinando recursos —o factores de producción— somete a verificación su hipótesis en el proceso de mercado. Si fue correcta, ganará dinero. Si fue incorrecta, despilfarró recursos e irá a la quiebra.

Volviendo a la idea inicial podemos concluir que el error es fuente de conocimiento y éste como el pensamiento están al servicio de los fines prácticos del ser humano y la satisfacción de las necesidades (al menos en su faz inicial).

Creatividad de la función empresarial humana

A continuación, nos resulta necesario dedicar algunos párrafos a la idea de creatividad. Podemos encontrar gran desarrollo dentro de la Escuela Austriaca de Economía. Comencemos con el siguiente asunto: el carácter esencialmente creativo de la función empresarial. Al respecto Huerta de Soto expresa: «La función empresarial no exige medio alguno para ser llevada a cabo. Es decir, la empresarialidad no supone coste alguno y, por lo tanto, es esencialmente creativa». Luego dice:

«Este carácter creativo de la función empresarial se plasma en que la misma da lugar a unos beneficios que, en cierto sentido, surgen de la nada y, por tanto, pueden denominarse beneficios empresariales puros. Para obtener beneficios empresariales no es preciso, por tanto, disponer de medio previo alguno, sino que tan sólo es necesario ejercer bien la función empresarial».[17]

Este accionar posee tres consecuencias o efectos derivados del ejercicio de la función empresarial que son a saber: La creación de información exnihilo. La transmisión de la misma y, finalmente, los efectos de coordinación y ajuste en la sociedad.

Huerta de Soto prosigue: «El ser humano tiende a descubrir la información que le interesa, por lo que, si existe libertad en cuanto a la consecución de fines e intereses, estos mismos actuarán como incentivos, y harán posible que aquel que ejerce la función empresarial motivada por dichos incentivos perciba y descubra continuamente la información práctica relevante que es necesaria para la consecución de los fines propuestos»[18]. Por el contrario, si en el contexto no existiese plena Libertad para el ejercicio de la función empresarial, o la misma se viese cercenada o distorsionada, el ser humano no se plantearía actuar en pos de alcanzar determinados fines.

Sin embargo, puede que esto no sea del todo así. Ya que puede suceder que aun existiendo total prohibición en algún campo de acción —incluso bajo riesgo de perder la vida— los seres humanos decidan igual que vale la pena intentar la ejecución de la acción a costa de morir, por el solo hecho de valorar positivamente un fin.

Más adelante Huerta de Soto expresa: «Esto permite que cada ser humano logre unos conocimientos o información

---

[17] J. Huerta de Soto. *Socialismo, cálculo económico y función empresarial*. Unión Editorial, Madrid 2015.
[18] Ibíd.

que sólo descubre en función de sus fines y circunstancias particulares que **no son repetibles de forma idéntica en ningún otro ser humano**»[19] (lo resaltado es propio).

Modelos mentales

Mente y modelos mentales. Humanos únicos e irrepetibles.

Seguido a continuación y de manera inmediata, debemos explicar por qué es importante la idea arriba resaltada, sobre que los seres humanos somos únicos e irrepetibles. Y eso también es una característica importante y que nos distingue de un software de IA.

Siguiendo a Peter Senge, en su libro La quinta disciplina, se cita a Howard Gardner «a mi entender, el mayor logro de las ciencias cognitivas ha consistido en la clara demostración de... un nivel de representación mental que está activo en diversos aspectos de la conducta humana. Nuestros modelos mentales no solo determinan el modo de interpretar el mundo sino el modo de actuar»[20].

A mayor abundamiento y apoyándose sobre esta idea, la conclusión es que puede que no siempre las personas basen su conducta en las teorías que siguen (o dicen seguir), pero siempre si se comportan de manera coherente con sus modelos mentales. Para ello Senge se apoya también en los trabajos sobre modelos mentales y aprendizaje de Chris Argyris.

Puede suceder, y de hecho sucede que dos personas —dado que poseen diferentes modelos mentales— pueden observar el mismo objeto o la misma situación y entenderla de manera diferente. El problema surge cuando comprendemos que los modelos mentales son tácitos, cuando existen por debajo del nivel de la conciencia.

---

[19] J. Huerta de Soto. *La Escuela Austriaca. Mercado y creatividad empresarial*. Editorial Síntesis. 2000. Pág 40.

[20] P. Senge. *La quinta disciplina*. Pág. 222.

El modelo mental de cada persona, así como la huella dactilar es único e irrepetible y está compuesto por las características biológicas, (fisionomía, etc.); la cultura en todo su sentido; la experiencia personal, es decir toda su historia y lo que ha vivido y su mente ha recogido; y el lenguaje, tanto externo, como interno, entendiendo este último como aquella conversación que cada uno tiene en el seno íntimo de su propia conciencia.

Motivación y fuerza de voluntad: La acción inconsciente

¿Dónde entra la inconsciencia en el entendimiento de la mente humana creativa? ¿cómo aflora la creatividad en el ser humano? A veces, el ser humano posee ideas creativas que parecen naturalmente espontáneas. Conviene analizar un poco esta cuestión.

Vinculado el accionar racional y el plano de la conciencia aquí nos detendremos muy brevemente para hacer foco fundamentalmente en un punto que se desprende de dos obras de Henry Hazlitt. Por un lado, El pensar como ciencia, en donde Hazlitt nos evoca diciendo que «El razonamiento emana siempre de un deseo frustrado»[21] que, si bien puede resultar una concepción freudiana de la idea de razonamiento, la misma está ligada a la idea que luego sigue en su otra obra Cómo tener fuerza de voluntad, en donde cita al psicólogo André Tridon exponiendo su idea bajo la metáfora del estanque de agua y los perros muertos.

Sintéticamente, Tridon dice que el inconsciente es como un estanque de agua turbia llena de lodo en el cual dentro existen cosas en constante mezcla. Si arrojásemos dos perros muertos al estanque, uno atado a una soga con una piedra y

---

[21] H. Hazlitt. *El pensar como ciencia*. Unión Editorial, Madrid 2022.

el otro suelto, observaríamos que el perro no atado emergería más fácilmente que el otro y podríamos sacarlo. Mientras que, por el contrario, sería difícil encontrar, y remover al otro perro que fue atado a la piedra. Tridon usa esta metáfora para explicar aquellas cuestiones existentes en el inconsciente que no sabemos, o no se ven; pero que igual forman parte de nuestra mente. Pueden ser deseos contenidos y aunque los ignoremos en el plano consciente y deliberado, estos existen. Y al existir pueden desencadenar fuerzas motivadoras que son adicionales a las existentes en el plano de la conciencia. Refiriéndome a estas últimas como el accionar racional.

El punto por arribar con todo esto, es que existe mucho aún en el campo de la mente humana que desconocemos. Por ello, resulta fundamental comprender los mecanismos que disparan la motivación y que le imprimen intensidad a la acción, o bien a la capacidad de pensar creativamente. Más allá de toda concepción racional de la acción humana, donde lo irracional es la no acción, cabe comprender que la mente humana posee otros elementos o fuerzas abstrusas y que, al resultar así, difícilmente puedan replicarse en un software informático, si lo que se quiere es imitar la capacidad creativa humana.

La creatividad y el alertness

Profundizando sobre la creatividad

Israel Kirzner dice que toda decisión de producción contiene un elemento heurístico y que «...cada decisión depende de la propia capacidad de percibir cómo será el futuro y, en concreto, de la propia capacidad de planificar éste racionalmente...».[22]

---

[22] I. Kirzner. *Creatividad, capitalismo y justicia distributiva*. Unión Editorial, Madrid 2020.

En la terminología de Kirzner descubrir y crear son sinónimos. No porque no comprenda la diferencia semántica de cada vocablo, sino porque luego de un análisis argumentativo —explicado por el en su libro con el ejemplo de Jones y la escalera— llega a la conclusión de que descubrir y creado ex nihilo tienen consecuencias praxeológicas similares, pero más importante aún, comparten el elemento creativo del acto de producir.

Por lo tanto, el hecho de descubrir algo, o crearlo, deviene necesaria y espontáneamente del estado de alerta del sujeto actuante, como así también de su perspicacia. Kirzner finaliza la idea diciendo que un objeto o bien material carece de valor económico hasta tanto exista un ser humano que lo descubra, pero no solo su mera existencia física, sino al descubrir su utilidad, la que será posteriormente el nexo con su valor a todas luces subjetivo.

En conclusión, Kirzner sostiene que toda decisión de producir algo, con independencia del carácter innovador del proceso o del resultado, necesariamente comporta un elemento de creatividad.

El problema de esta conclusión es que, visto de esta manera, una Inteligencia Artificial que produce música porque fue diseñada para combinar infinidad de notas, acordes y determinar ritmos (imitando ciertos patrones) podría decirse que es creadora. Y si alguna de esas composiciones resulta de valor para los consumidores entonces el resultado material caería en el campo de las ciencias económicas. Si esto es así, cabría concebir que la I.A. tiene capacidad creativa, dado que bajo este argumento ha creado algo. Sin embargo, no es esta creatividad en el sentido estricto lo que se está intentando analizar.

Desde una visión dinámica que abarcaría el sentido amplio y no restringido de la creatividad, habría que realizar algunas observaciones: en primer lugar, esa hipotética creación es una combinación de notas y parámetros, posibilidades y combinaciones de ritmos y patrones musicales. En segundo lugar, el fin le fue exógenamente dado por su creador. En tercer lugar, esa inteligencia artificial no podrá crear nuevos fines y estará limitada al fin para el cual fue diseñada.

Por lo tanto, la concepción creadora Kirzneriana no parece de aplicación pura a un software de inteligencia artificial, por más dulces y bellas composiciones musicales que pueda generar en virtud de los más complejos algoritmos. Lo importante siempre es el fin subjetivo.

Tipos de conocimiento

Existen dos tipos de conocimiento que maneja la mente humana.

Con esto corresponde cerrar apartado teórico con la exposición sobre los diferentes tipos de conocimiento. Es necesario comprender que la mente humana trabaja con la utilización de conocimiento el cual lo clasificaremos (siguiendo a Huerta de Soto) en conocimiento de tipo A y conocimiento de tipo B.

El conocimiento de tipo A es aquel tipo de conocimiento subjetivo, práctico, disperso, tácito no articulable, y de eventos únicos. Este conocimiento se vincula con la experiencia y las vivencias humanas. El conocimiento del tipo B es un conocimiento objetivo, científico centralizado, articulado y de clase.

Por un lado, la Inteligencia Artificial, que no deja de ser un programa de computación, trabaja con conocimiento del tipo articulado, objetivo. Al diseñar tanto los Inputs como los Outputs, estos mismos deben ser deben ser determinados, categorizados, y conceptualizados en sus límites y alcances. Es conocimiento que necesariamente es articulable para poder luego realizar el trasvase al software de IA.

Por otro lado, y en relación con los modelos mentales (expuestos más arriba) logramos entender así que la mente humana se encuentra de manera permanente realizando procesos conscientes y no conscientes bajo la configuración biológica, cultural, de la experiencia, y de la estructura del lenguaje propiamente dicho, tal como se expuso anteriormente.

El conocimiento técnico u objetivo (del tipo B) ayuda al ser humano sirviéndole de catapulta para multiplicar el conocimiento del tipo A, y así crear más y mejores medios y fines.

Ética: ¿Qué podemos deducir de Isaac Asimov y Ayn Rand?

La parte en que la ética entra en juego.

Es inevitable que al profundizar sobre Inteligencia Artificial lleguemos a adentrarnos al campo de la ética. Sobre todo, cuando sobre la IA puede descansar ciertas tomas de decisiones.

Resulta de utilidad comenzar con las denominadas tres (originales) y una cuarta ley adicionada, de la robótica, que fueron creadas por el escritor ciencia ficción de origen ruso Isaac Asimov, considerados por muchos, como el padre de la Robótica. Sin mayores preámbulos estas leyes textualmente dicen:

Primera ley: un robot no hará daño a un ser humano ni, por inacción, permitirá que un ser humano sufra daño.

Segunda ley: un robot debe cumplir las órdenes dadas por los seres humanos, a excepción de aquellas que entren en conflicto con la primera ley.

Tercera ley: un robot debe proteger su propia existencia en la medida en que esta protección no entre en conflicto con la primera o con la segunda ley.

Ley cero: un robot no puede dañar a la humanidad o, por inacción, permitir que la humanidad sufra daños.

Asumimos, dado que está implícito la hipótesis de convergencia entre robótica e IA (como mencionamos al inicio de este libro), que se debe tener capacidad de discernimiento para que el robot pueda aplicar de manera correcta estas leyes.

De manera preliminar ya observamos que: la existencia del ser humano está por sobre la existencia del robot. Este conjunto de tres leyes originales forma un marco de acción para los robots (debiéramos decir para quienes programan a los robots) formando una especie de mecanismo de seguridad, donde el valor fundamental protegido es la vida humana.

De alguna manera, la ética de la robótica (o de la inteligencia artificial) es una ética derivada.

Sin embargo, con la adición de la cuarta ley o ley cero es necesario hacer algunos comentarios adicionales. Si bien cabe mencionar que Asimov introduce esta ley cero en sus novelas (justa y posiblemente porque abre un mundo de posibilidades y conflictos que nutren de interés a la ficción), analizar la idea de humanidad, rompe con el individualismo metodológico. En primer lugar, como presumiblemente diría el profesor Miguel Anxo Bastos, la humanidad no tiene existencia ontológica, uno no puede tocar la humanidad, simplemente porque no existe. Solo existen seres humanos que actúan. La idea de humanidad es una definición abstracta que debe ser bien definida y precisada, pero que en esta ética sub exámine trae más problemas que soluciones.

El robot debiera tener definido que entiende por humanidad. Y cabría preguntarse ¿Cuál es el sentido de conceptualizar sobre el conjunto de humanos? si era suficiente con respetar la vida de un individuo. Tácitamente se está indicando valoraciones disímiles sobre conceptos diferentes. Entonces, ¿hay posibilidad de conflicto entre la ley primera y la ley cero? ¿qué sucede si el robot se encuentra en una posición en que debe decidir entre salvar a un humano a expensas de la humanidad o viceversa? Además, podría suceder que existan diferentes definiciones de humanidad, y la Inteligencia Artificial deba realizar juicios de valor irresolubles.

En cuanto a esto, si bien estamos teorizando sobre leyes de la robótica originadas en la ciencia ficción, no debemos olvidar que las mismas tienen fuerte aceptación en la disciplina actual, y la ética de la robótica (y la IA) no deja de ser una ética derivada que debemos resolver.

En cuanto a la ética la podemos definir como el código o conjunto de valores que resultan guía de las acciones y elecciones del ser humano. Vista como ciencia se ocupa de descubrir y definir ese código. En cuando a valor, es aquello que nos lleva a actuar para obtener o conservar algo.

En relación con las metas y valores que dirigen nuestras acciones, para un ente vivo la vida es el valor final. En el caso del ser humano, el hecho de ser, determinaría el deber ser, que estaría dado por ser (o estar) vivo. Es decir, la vida o el misterio de la vida.

Entonces ante la pregunta de ¿Cómo se determinaría que está bien o mal? Ayn Rand nos respondería originalmente por sensaciones de placer y dolor. Podemos vincular esta idea con aquellas sensaciones, percepciones y estímulos y su clasificación —también originalmente— dicotómica como bueno o malo. (expresiones binarias, como expusimos más arriba).

En cuanto a la ética colectivista, derivada de adicionar la idea de humanidad en esa cuarta ley que incorpora una especie de premisa altruista-colectivista podemos remitirnos a Ayn Rand, en su libro La virtud del egoísmo, quien nos hace interesantes planteos relacionados a este tipo de colectivismo.

Rand dice que los místicos sostenían la arbitraria impredecible voluntad de Dios como norma del bien y validación de la ética. Y que posteriormente surgieron una suerte de neo-místicos que reemplazaron, o más bien adicionaron el criterio del «bien de la sociedad». Es decir, aquello que era bueno para la sociedad era lo éticamente válido y correcto.

De acuerdo con la filosofía de la Escuela Austriaca y por lo dicho anteriormente es lógico que esto plantea problemas y contradicciones, como así también todo tipo de justificaciones totalitarias.

En este sentido, es dable decir que solo un organismo vivo es quien enfrenta de manera permanente la alternativa de vida o muerte. Y dado el misterio y desconocimiento existente sobre lo que existe o no más allá de la muerte, siendo ésta última lo único certero, la vida puede ser comprendida como un proceso de acción autosostenida. Entonces solo una entidad con vida puede tener fines y realizar acciones conforme a esos mismos. Acciones dentro de las cuales se encuentra la capacidad creativa.

Entonces, de acuerdo con la ética solo la vida hace posible el concepto de valor, y solo para quien vive las cosas pueden ser buenas o malas y por lo tanto tener fines.

Capítulo III
¿QUÉ PUEDE PASAR EN EL FUTURO?

«El hombre es un misterio.
Necesita ser descifrado,
y si pasas toda tu vida desentrañándote,
no digas que has perdido el tiempo.
Estoy estudiando ese misterio porque
quiero ser un ser humano»
Fiodor Dostoyevsky

Hipótesis y proyecciones

Para volver a la idea central de este libro, el interrogante disparador resultó ser si la Inteligencia Artificial podrá o no en un futuro reemplazar la creatividad empresarial humana, o simplemente la creatividad humana. Este planteo es importante dado que la innata capacidad creativa del ser humano es el pilar fundamental o motor que impulsa el desarrollo de la civilización, materializada bajo la forma del libre ejercicio de la función empresarial. Cuestionar si se encuentra posiblemente amenazada o no, no es una cuestión menor, sino todo lo contrario. La amenaza puede ser o bien porque la IA tenga la capacidad empresarial creativa, (entendida bajo la filosofía de la Escuela Austriaca y como se ha planteado en el presente libro) en cuyo caso desplace al humano. O, bien sin desplazarlo ,pueda anular su potencial creativo.

El problema es que, planteado el asunto de esta manera, pareciera ser a priori más un ejercicio de futurología que una investigación propiamente dicha. Sin embargo, un análisis más cuidadoso del tema nos permite realizar aproximaciones que se sustentan en primer lugar, en el entendimiento de qué es la Inteligencia Artificial, cómo funciona, en qué estado de desarrollo o evolución actualmente se encuentra, y que falencias o faltantes tiene frente al intento de imitar la capacidad de la inteligencia humana. En segundo lugar, en el entendimiento de la mente humana y cómo es que la misma posee esa capacidad creativa. Estas cuestiones son las que fueron tratadas a lo largo de páginas del presente texto.

Por ello, llegados a este punto y bajo el marco conceptual y teórico desarrollado cabe plantearse por lo menos dos posibles situaciones las que podemos proceder a denominar hipótesis de convergencia y de divergencia, a los efectos de analizar el papel de la IA, sus posibilidades y consecuencias en cada escenario.

Hipótesis de divergencia. La mente humana no se integra a la I.A.

En este escenario sea plantea justamente un alejamiento paulatino entre ambas inteligencias, la humana y la emulada o artificial. Ante las preguntas si la IA actual tiene capacidad creativa y si esta misma se encuentra reemplazando la capacidad creativa del ser humano, la respuesta es negativa en ambos casos.

Tal como se desarrolló más arriba, no resulta correcto asimilar, de manera forzada, el desarrollo de Kirzner sobre la capacidad creativa, a la IA. Recapitulando aquellas ideas, Kirzner dice que toda decisión de producir algo, con independencia del carácter innovador del proceso o del resultado, necesariamente comporta un elemento de creatividad.

Retomando el ejemplo sobre el software capaz de crear composiciones musicales, el fin de tal programa de computación, fue dado por el programador de este. Es decir, el fin estuvo antes en su mente, el hecho de saber a qué resultados potenciales arribaría, con independencia de conocer la infinidad de múltiples combinaciones de notas y ritmos musicales. Aceptar que existe capacidad creativa en ese software implica una visión estática de optimización de recursos (o notas en este caso) derivada de una simple combinación computacional de sonidos, silencios, y ritmos. Podríamos también realizar una analogía con el experimento mental de la habitación china desarrollada en el capítulo I, y las conclusiones a tal análisis están dadas por reproducidas íntegramente, dado que ya fueron tratadas en cuando analizamos los aportes de Kirzner.

Otra visión un tanto diferente es la que aporta Huerta de Soto, quien determina de manera categórica una situación análoga. Si bien habla de ordenadores, sus palabras resultan de total aplicación para ejemplificar la idea que se pretende sostener en este estudio. Huerta de Soto expresa: «Un ordenador no podrá imaginar nuevos proyectos hasta entonces no imaginados por nadie. Un ordenador no podrá crear nuevos fines ni nuevos medios, ni perseguir contra corriente actividades que no estén a la moda, ni luchar de corazón por sacar adelante una empresa en la que nadie cree, y así sucesivamente».[1]

Como se mencionaba en líneas anteriores, estaba originalmente en la inteligencia humana el hecho de saber que el producto de su labor creativa derivaría en una nueva composición musical, con independencia de conocer con precisión cómo es que aquella composición sonaría.

Son las tensiones psicológicas que la máquina no tiene y que, si tiene el ser humano, el empresario creativo en este caso, el que lo moviliza a desplazar los propios límites. En

---

[1] J. Huerta de Soto. *Socialismo, cálculo económico y función empresarial*. Unión Editorial, Madrid 2024, p. 261.

el mismo sentido «...el empresario persigue un fin que actúa como incentivo para aprehender dicha información...»[2] Probablemente lo que nos limita termina siendo lo que nos engrandece.

Hipótesis de convergencia. I.A. y mente humana integradas.

Ahora bien, dicho lo anterior, también es bueno plantear un escenario diferente.

Este escenario es la contracara del anterior. Implica la posibilidad de que la tecnología permita un acercamiento progresivo y cada vez mayor entre la mente humana y la Inteligencia Artificial hasta el punto de resultar difícil una división observable entre ambas. Posiblemente el escenario más probable. Llegados a esta instancia es correcto señalar que no se trata de ciencia ficción sino de tecnología actual y en desarrollo.

Como es el caso de Neuralink[3], una empresa con sede en Estados Unidos que se dedica a desarrollar implantes cerebrales con el objeto de tratar enfermedades neurológicas. Ese es el objetivo a corto plazo. A largo plazo la empresa tiene como fin lograr una simbiosis entre la mente humana y la inteligencia artificial, logrando una mayor integración a la hoy en día experimentada, por ejemplo, con el uso de los smartphones que no dejan de ser entidades externas. En lugar de desarrollar dispositivos externos, la intención buscada es la integración de estas tecnologías al ser humano.

---

[2] Ibíd. Pág. 276

[3] https://www.wsj.com/articles/elon-musk-launches-neuralink-to-connect-brains-with-computers-1490642652 Y https://www.latimes.com/business/technology/la-fi-tn-elon-musk-neuralink-20170421-htmlstory.html y https://www.youtube.com/watch?v=r-vbh3t7WVI.

Bajo este escenario y suponiendo la convergencia entre la inteligencia humana y la IA, podría suceder que exista una explosión exponencial que expanda las fronteras de posibilidades a límites insospechados. Ello sería bajo el aprovechamiento de los dos tipos de conocimientos explicitados anteriormente (tipo A y tipo B). Al no renunciar el ser humano a aquellas condiciones que lo hacen único, se estaría sirviendo de tecnología integrada que multiplicaría «n» veces la capacidad de procesamiento de información, como así también el acceso una cantidad ingente de la misma.

Capítulo IV

«Si una planta no puede vivir
de acuerdo con su naturaleza, muere,
y lo mismo le ocurre al hombre»
Henry David Thoreau[1]

I.A. y la imposibilidad del socialismo.

Siempre es prudente dedicar algunas líneas a demostrar y recordar el error intelectual que representa el ideal socialista.

Es que la IA da un renovado oxígeno de esperanza a los socialistas y estatistas de todo espectro, quienes ahora, al igual que antes se ilusionaban con cada mejorar del poder de cómputo de las máquinas. Albergaban la esperanza de que, mejorando el poder de procesamiento, sería posible el cálculo económico. Como indica Huerta de Soto sobre la imposibilidad del cálculo económico: «…se sigue argumentando que ello se debe, más que a otra cosa, a las limitaciones que todavía existen en cuanto a la capacidad informática de los ordenadores actuales, así como a la escasez de personal suficientemente cualificado…».[2]

Una de las preguntas que cabe formularse —que hemos de suponer que muchas personas se la han planteado— es si al existir una super computadora capaz de procesar en tiempo real cantidades ingentes de información, si ello mismo podría hacer funcionar la planificación centralizada. A modo de anticipar una respuesta veamos lo que responde Robert McKeown para el Mises Intitute:

---

[1] En su obra *Desobediencia civil*.
[2] J. Huerta de Soto. *Socialismo, cálculo económico y función empresarial*. Unión Editorial, Madrid 2024, p. 246 .

71

...Basarse en algoritmos para tomar la decisión correcta para cada persona es una vía peligrosa. Los resultados no serán distintos de lo que han hecho los econometras a la economía...[3].

No solo no existe tal super computadora, sino que, además, no existe un software capaz de tener por fin diferentes propósitos y mezclarlos entre sí aprendiendo de ellos como se explicará más adelante en este trabajo. Pero ese no es el punto de la imposibilidad del socialismo. Porque iremos más allá y aún suponiendo que la computación quántica logre crear una super computadora de capacidades inimaginables y adicionemos que simultáneamente existe un software de IA que prácticamente cubra cualquier aspecto posible de la mente humana. Así y todo, no es factible. Porque la imposibilidad real reside en que la información que se pretende utilizar, y que constituirían aquellos datos que son la base de toda IA, simplemente no ha sido creada. Es absurdo creer posible que alguien o algo puede de hacerse de información que aún no existe. Es decir, se encuentra dispersa en la mente de miles de millones de personas alrededor de todo el mundo. (o si se quiere, circunscripta a fronteras nacionales). Solo una entidad con capacidad divina sobrehumana y omnisciente podría llevar a cabo semejante tarea, esa entidad sería Dios.

Esta misma información, además, se encuentra en constante cambio a velocidades que no pueden ser medidas. Un individuo puede decidir, por ejemplo, comprar un vehículo automotor, y en el mismo momento de firmar la compra decidir no hacerlo, y utilizar los medios para otros fines. Los medios y fines subjetivos se encuentran en permanente cambio. Y se encuentran dentro de la mente de las personas.

Por ejemplo, un aspecto interesante para considerar es el que sucede con los Crédito Sésamo – (al estilo mejor —o

---

[3] https://mises.org/es/wire/los-algoritmos-estan-bien-hasta-que-el-gobierno-los-usa-contra-nosotros.

peor— *Black Mirror* la serie de televisión). Es un sistema de control social orwelliano tal como apunta Christian Hubbs en su artículo para el Mises Institute.[4] Este crédito sirve para rastrear compras y conductas de la ciudadanía. Incentivándola a comportarse de acuerdo con formas preestablecidas y aprobadas por el partido comunista chino. Además, se castiga a las personas que se alejan del comportamiento que el mismo partido considera correcto. Las personas, al estar hiperconectadas, con los móviles, internet, etc. están constantemente brindando información acerca de sus operaciones, consumos, gustos, traslados vía GPS, visitas a lugares, encuentro con otras personas etc. Toda esta ingente cantidad de datos se manipula gracias a softwares de IA.

Todo este cúmulo de información puede, y pretende, ser usado por los estados, a los efectos de controlar a las personas. Y aplicar socialismo puro y duro bajo pretextos de mejorar la sociedad conduciendo a los individuos a los caminos correctos de la vida, los procederes y las conductas (como si algún humano tuviese la capacidad de definir ese camino). Nada más trágico y nada más incisivo o hiriente de muerte a la Libertad individual.

Otro punto para destacar, también con China como protagonista, es que en su afán de competir contra los Estados Unidos de América (tal como compitió la URSS en su carrera espacial contra EEUU y perdió en 1969) ha manifestado la intención de «invertir» 800 mil millones dólares para el año 2025 en la Industria de la Inteligencia Artificial y conexas.

Ha sucedido, como era de esperar, que por ejemplo las universidades y revistas científicas obtengan así publicaciones académicas de baja calidad. O como por ejemplo el caso de la empresa Iflytek, empresa que supuestamente hacía traducciones lingüísticas con uso de softwares de Inteligencia Artificial, pero se descubrió su fraude porque en su lugar realmente utilizaban a seres humanos para terminar los trabajos encomendados.

---

4 https://mises.org/es/wire/los-peligros-de-la-inteligencia-artificial-financiada-por-el-estado.

Todo esto es lo esperable cuando los políticos y burócratas dirigen el financiamiento en áreas que son especializadas. Aumentan artificialmente demanda de investigadores e incentivan a personas a entrar a ese campo y producir cuando de otra forma no deberían hacerlo o no lo harían. Es un malinvestment liso y llano. Cuando artificialmente el dinero no se dirige donde la demanda real de las personas se encuentra.

Finalmente, para concluir estos breves comentarios es aplicable la expresión de Mark A. DeWeaver, quien también para el Mises Institute escribió: «...la competencia en los mercados no es simplemente un mecanismo de transición hacia resultados de equilibrio preexistentes. Es más bien **un motor de creación de conocimientos y descubrimiento empresarial**... requiere la realización de descubrimientos sobre incógnitas desconocidas...» (el subrayado es propio) a lo que podemos agregar que: cuestión que nunca puede suceder bajo un sistema socialista con o sin Inteligencia Artificial.

Para cerrar el presente epígrafe es claro y contundente cómo es lo describe Martínez Meseguer en su obra La teoría evolutiva de las instituciones, donde al respecto dice: «Desde el punto de vista teórico, ya que: a través de un sistema de coacción institucional como es el socialismo, creado contra la libre interacción humana, no se pueden reajustar los comportamientos sociales y los intercambios económicos, que inevitablemente quedaran desajustados».

Luego más adelante prosigue:

A este respecto Mises ya demostró que sólo en un entorno competitivo donde exista propiedad privada de los medios de producción, libertad de acción y de desarrollo de la función empresarial, etc. es posible que se genere y transmita la información necesaria para que surja el mercado y sea posible el cálculo económico en el que se fundamenta la coordinación social.

Cualquier otra forma de organización económica además de ser coactiva y arbitraria «... jamás el grado de coordinación y eficiencia que se alcanza en el denominado sistema capitalista, donde toda una infinidad de interacciones humanas van reajustándose constantemente **a tenor de los datos que se van generando en el mercado a cada instante y a velocidad vertiginosa.**»[5] El subrayado son propios.

En definitiva, el sistema de libre mercado, sin intervención alguna, es el único sistema eficiente (y por lo tanto justo) que permite armonizar la realidad analizada sobre la creación de información —dispersa en las mentes humanas—, la incorporación del error como fuente necesaria de aprendizaje, y el ajuste y coordinación permanente, acorde al respeto irrestricto del proyecto de vida de cada ser humano. Es decir, su Libertad.

Aspectos tributarios de la I.A.: sus fundamentos.

A continuación, se expondrán los argumentos principales que servirían de fundamento para imponer por la fuerza nuevos impuestos, que, como podrán observarse son proposiciones que carecen de originalidad.

Emulando a Bastiat, podría considerarse que los argumentos esgrimidos por aquellas personas deseosas de crear más y más impuestos, no solo se basan en *lo que se ve* y no tienen en cuenta *lo que no se ve.* Sino que, aquello que creen ver es absolutamente sesgado, distorsionado, y desde el sentido tanto teórico como histórico, incorrecto.

Podemos referirnos a ellos como los luditas del siglo XXI. El ludismo fue un movimiento violento y protestante que tuvo lugar luego de la revolución industrial en Inglaterra a principios del siglo XIX. Dicho movimiento, encabezado por artesanos, se oponía a la utilización industrial de la máquina —en el sector textil— debido a que consideraba que

---

[5] C. Martínez Meseguer. *La teoría evolutiva de las instituciones. La perspectiva austríaca*, Unión editorial, Madrid 2009, p. 106

la misma era una amenaza para sus fuentes de trabajo y su modo de vida. Bajo la pavorosa visión del porvenir de estas personas, viviremos en un mundo en el que inexorablemente el hombre será desplazado de su puesto de trabajo y arrojado a la calle sin más, al desempleo, al hambre y al desasosiego. Ello es así, dado que los robots y la IA reemplazarán a los humanos en sus quehaceres y nada puede hacerse al respecto más que frenar o al menos desacelerar su llegada. De alguna manera creen que los robots simplemente aparecen por generación espontánea. Olvidando la gran industria creciente que comienza a verse detrás.

Continuando con esa dogmática línea de pensamiento, será necesario que los estados actúen rápida y eficazmente diseñando y aplicando medidas (léase creando impuestos. Nada nuevo u original), ya que estamos próximos a una nueva era de tasas enormes de desempleo.

Esta triste forma de ver el mundo puede tener causa en diferentes razones en las que no se ahondarán, dado que no es el propósito del presente trabajo, sin embargo, puede decirse que aquellos que honestamente piensan de esta manera se sienten enfrentados ante un robot (o inteligencia artificial) superior a la que no puede vencerse. Ya como se mencionaba en páginas anteriores, en el año 1996 el campeón mundial de ajedrez Gary Kasparov se batió a duelo con la supercomputadora Deep Blue ganando ajustadamente, y perdiendo ante la máquina al año siguiente. Más ágiles, más rápidas para procesar información, y más fuertes, parece que el mejor de los humanos no va a poder derrotar a la máquina en ningún campo de acción.

Sin embargo, no debemos olvidar que la Inteligencia Artificial es comparativamente superior (y en ciertos casos, no en todos) en aquella tarea para la que está específicamente diseñada. Es decir, un software que juega ajedrez realiza tal actividad y no otra. No puede jugar backgammon si no fue programada para ello. De la misma manera que una I.A. que detecta fraude fiscal para una administración tributaria, no puede detectar fraude en contratos de derecho privado.

Al mismo tiempo, el hecho de existir estos robots, y añadirles a continuación la palabra referida a los empleos como, por ejemplo: robot policía, o médico; o bien, auto autónomo —es decir, sin conductor— crea la perturbadora imagen del ser humano que, habiendo estado en su lugar durante tantos años, de repente es desplazado de tal oficio.

Por eso mismo, puede quizás comprenderse que quienes piensen de esta forma se queden con esa primera imagen, y el miedo o las emociones generadas no den lugar al razonamiento. Un mayor análisis nos hará ver que esto no tiene por qué ser así, y de hecho nunca lo fue. Ni lo será.

Esta imagen, que podría ser sacada de una película sobre un futuro distópico, es utilizada y repetida una y otra vez por aquellos deseosos de seguir aumentando la presión tributaria. Bajo el axioma —hay que aumentar los ingresos públicos— tan solo se trata de encontrar argumentos que sean fácilmente vendibles a la sociedad y que calen en el imaginario colectivo. Se deben gravar a los robots y a la IA por la inmensa cantidad de humanos que dejarán de cotizar su seguridad social —ni segura ni social— por perder sus empleos.

Es entonces cuando pasaremos a lo que se puede denominar racionalizar impuestos. «La racionalización es un término del campo de la psicología. Se trata de un mecanismo de defensa que consiste en justificar las acciones de manera pseudo-razonable para evitar sentir emociones negativas. El que racionaliza, está íntimamente convencido de su argumento. El miedo lleva a esa racionalización. En lugar de justificar adecuadamente, pasaremos a racionalizar impuestos...».[6]

Una vez que esa imagen o película esté siempre presente en la mente de la ciudadanía, el paso siguiente resulta servido

---

[6] B. Di Grigoli. *Corona Fobia, la otra cara de la amenaza.* KDP Amazon. 2020. Pág. 42.

en bandeja, ya que el político deseoso de aumentar sus recursos contará con «...*un virtual apoyo popular*... (y) ...*encontrará sobradas supuestas justificaciones y motivaciones para aumentar los Impuestos*...»[7].

El mejor ejemplo quizás es el de los llamados Impuestos Verdes, o Impuestos ambientales. A nivel teórico o académico, el famoso «Doble dividendo» resulta altamente atractivo entre los simpatizantes de los nuevos impuestos. El marketing del doble dividendo es sumamente efectivo porque fue instalado con tiempo y paciencia en la mente de las personas.

Este doble dividendo viene dado por el siguiente análisis: por un lado, se entiende que, si el tributo se encuentra bien diseñado y cumple con su fin extrafiscal (preservar el medioambiente mediante la alteración de una conducta perniciosa), tenemos allí el primer dividendo. Contribuye al cuidado medioambiental. Cuestión que hoy en día despierta mucho interés. El segundo dividendo, quizás algo más complejo, resulta ser que si existiese un correcto *trade-off* entre las figuras tributarias ortodoxas, que producen distorsiones en la economía, el presupuesto podría encontrarse inalterado en lo que respecta a cuantía, pero sin el factor distorsionante de la figura anterior. La idea sería usar el dinero ingresado por ese tributo verde para financiar una reducción en otro impuesto «ordinario» cuyo efecto distorsionador en la economía es mayor, logrando así no alterar el presupuesto original. ¿Cuál es la única verdad evidente? Que el estado sigue aumentando de manera significativa sus recursos, y menos recursos quedan en mano de las personas. Esto es así dado que difícilmente alguien pueda aportar ejemplos reales de aplicación de ese doble dividendo demostrando que hubo una reducción directamente relacionada a la introducción del impuesto verde, y que esa misma ha sido sostenida en el tiempo.

---

[7] Íbid. Pág. 23

Esto es tan solo un ejemplo de lo que sucede en el campo de la tributación. Rara vez la tendencia es hacia reducir impuestos, dado que el *agigantamiento* del estado tiene un efecto trinquete.

Retomando la visión apocalíptica de los pregoneros de la fiscalidad, la Revolución Industrial nos ha demostrado que la introducción de máquinas que aumentaban la productividad no ha destruido empleos sino todo lo contrario. Los ha aumentado exponencialmente.

Ejemplos de esto hay cientos, pero resulta muy ilustrativo los aportados por Henry Hazlitt en su ensayo *El odio a la máquina* en dónde relata con excelsa precisión lo ocurrido en aquellos años en donde los artesanos destruían telares, so pretexto de proteger su fuente trabajo.

También vale recordar el ejemplo brindado por Adam Smith en *La Riqueza de las Naciones*, con su máquina de alfileres, la cual podía fabricar 4.800 alfileres en un día en comparación al alfiler diario que podía hacer una persona. Eso mismo debería haber suscitado la más mínima sospecha de lo que estaba realmente aconteciendo. O, el caso de los fabricantes de medias, que fueron empleados cien obreros —para finales del siglo XIX— por cada uno contratado a inicios del mismo siglo.

O bien lo sucedido con las maquinarias para el hilado de algodón. Arkwright, inventor de la máquina para el hilado de algodón encontró resistencia a la utilización de su invento.

Sin embargo, veintisiete años después de la introducción de dicha máquina el parlamento británico demostró, luego de una investigación, que los obreros empleados aumentaron en un cuatro mil cuatrocientos por ciento, pasando de 7.900 trabajadores a 320.000 en dicha industria.

Lo mismo ocurrió con la introducción de la máquina a vapor en el mundo, en términos de potencia, fue calculada por la Oficina de Estadística de Berlín como doscientos millones de caballos. El equivalente a mil millones de hombres. Que en definitiva no quedaron desempleados, sino que fueron empleados en usos más productivos. Y esto último es lo que siempre sucede.

Años más adelante y, cercanos a nuestros tiempos, en 1932, luego de la Gran Depresión, se volvió a culpar a las máquinas por el desempleo vivenciado en aquella época. Y así sucesivamente. Lo mismo ha sucedido con el acero, la marina, etc. y los ejemplos podrían continuar. «La creencia de que las máquinas provocan desempleo, cuando es sostenida con alguna consistencia lógica, lleva a descabelladas conclusiones» (Henry Hazlitt, *El odio a la máquina*).

Finalmente, bajo el criterio de los tecnófobos, podría entonces argumentarse que cualquier mejora técnica implica necesariamente desempleo. Nada más un decreto que obligase a los pintores de casas a pintar con brochas de 4 centímetros en lugar de rodillos u otro elemento más productivo ampliaría enormemente la cantidad de personas empleadas en el pintado de casas. Y así en el rubro que fuera. Realmente suena ridículo.

Justamente, lo que *no se ve*, es que, cualquier introducción de mejora, máquina, robot, o I.A., está generando el auge de una industria más alejada del consumo final. Alargando etapas del proceso productivo y aprovechando al máximo posible la división del conocimiento. Esa es la parte de la ecuación compleja de ver.

En conclusión, la inobservancia del panorama completo y el desconocimiento de la teoría económica correcta hacen creer que la introducción de robots, I.A. (o simplemente máquinas) desencadenará inexorablemente en el desplazamiento de los trabajadores produciendo desempleo. Y como consecuencia derivada de aquello habrá menos cotizaciones en seguridad social. Cómo así también generará la tan temida y denostada (pero inocente) desigualdad, que hará imperioso el accionar del estado para redistribuir las rentas.

Nada más absurdo que ello. Como puede observarse, nada nuevo bajo el sol. Sólo viejos argumentos reciclados y aplicados a una nueva época.

Además de la suerte de falsa premisa que origina toda esta pretensión de querer gravar tanto la robótica como la Inteligencia Artificial, el otro grave problema es el de desconsiderar la verdadera naturaleza de este tipo de bienes (haciendo referencia tanto a la robótica como a la inteligencia artificial).

Desde el enfoque empresarial, los robots tercera generación y la I.A. no son más que un bien de uso, un factor de producción. Salvo aquellos robots que se venden a consumidores finales. Siendo que no son más que factores de producción, están en la misma categoría que cualquier otra maquinaria de la época que sea. Dicho de otra forma, no hay diferencia praxeológica entonces entre una maquinaria y un robot o bien un software de Inteligencia Artificial.

Esta falacia genética es la que origina el supuesto problema de desempleo y desplazamiento de humanos que en teoría sería resuelto con más impuestos aplicados al sector productivo. Bajo el análisis correspondiente que se ha desarrollado en el presente capítulo, entonces no habría diferencia para hoy en día gravar cualquier máquina actual, conocimiento o tecnología que aumente la productividad, lo que lo convierte y reduce en un absurdo.

Entonces cualquier invento de impuesto es tan solo el aprovechamiento de la opinión popular o el miedo a ese futuro distópico en el que miles de humanos morirán de hambre por el desempleo generado por los robots y por la I.A.

Formas y diseños tributarios para gravar Robots e I.A.

En el presente epígrafe se ilustran algunas de las diferentes formas encontradas en la bibliografía actual y que son propuestas para gravar a la robótica y a la I.A. Se han concentrado en tan solo las siguientes, dado que pueden existir tantas formas como tanto creativo pro-fiscalista o estatólatra exista.

Sin embargo, se ha resuelto analizar las figuras tributarias que a continuación se detallan:

Impuesto a la automatización;

Impuesto sobre la renta (o beneficio) hipotéticamente imputado;

Impuesto único (al empresario / propietario del robot) / Impuesto objetivo.

Impuesto a la automatización. Estaría diseñado teniendo en cuenta el uso de los robots y el número de trabajadores. A su vez se debe establecer una proporción entre los ingresos de la empresa, es decir sus ventas, y el número de trabajadores empleados. Este diseño presenta muchos interrogantes.

En primer lugar, habría que establecer una fecha de corte. Es decir, no puede desconocerse la realidad actual en la que muchas empresas están en algún sentido y grado automatizadas (por no decir todas). Teniendo en cuenta que cualquier labor puede ser realizada por un ser humano, implica algún grado de automatización. Siendo así, es un impuesto que podría y cabría —bajo el mismo argumento— establecerse hoy en día dado que la utilización de una máquina, en lugar de personas, implica automatización. En segundo lugar, cualquier intento de establecer una proporción entre ingresos y automatización resulta arbitraria e injusta. Cada empresa tiene libre y plena facultad para elegir entre la infinidad de combinaciones de factores de producción, la función producción que mayores beneficios le otorgue. Ya demasiado debe cargar con el hecho de que cuanto más alejado estén sus ventas de sus costos, más carga fiscal tendrá. Un impuesto de estas características no hace más que desalentar la productividad. Hoy en día podría instalarse semejante impuesto con dichos criterios a Toyota, por ejemplo, bajo la excusa de su grado de automatización el que fuere. Dado que, en comparación con Rolls Royce, un Toyota tiene menos partes hechas a mano, por ende, puede alegarse fácilmente que está más automatizada, y por ende debe pagar proporcionalmente más. Debido a que Rolls Royce posee más procesos artesanales. Pretender esto resulta ridículo.

Gravar la automatización es pretender retroceder en el tiempo y desconocer todos los avances acumulados en conocimiento y tecnología a lo largo de la historia, los que han requerido e involucrado años, y vidas enteras.

El impuesto sobre la renta (o beneficio) hipotéticamente imputado, tiene que ver con la renta que el robot o inteligencia artificial debería percibir si el mismo trabajo fuese hecho por una persona.

Es un caso muy similar al anterior, por lo tanto, además de plantear interrogantes similares, agrega la dificultad de establecer relaciones entre funciones desarrolladas por las personas y por los robots. Esta idea complejiza aún más la ecuación, dado que una persona puede desarrollar múltiples y diferentes labores de distinto tipo. Como puede suceder al revés, un robot realizar diversas tareas y todas diferentes (suponiendo, por ejemplo, un robot de cuarta generación avanzado y diseñado a tal efecto). Además, cualquier actualización o mejora del robot o su inteligencia artificial implicaría readecuar el tributo o su base imponible. A su vez, un tributo plateado esta manera implica desconocer la infinidad de actividades y tareas desarrolladas en los procesos productivos, y trata al factor trabajo como un todo homogéneo, cuestión que lo vuelve de impracticable aplicación. Cualquier administración tributaria que pretendiese crear tablas de relaciones o nomencladores de actividades y equipararlas a la infinidad de posibles robots e Inteligencia Artificial, no hará más que perder el tiempo. Ello hace que por cuestiones de administración fiscal sea mayor el costo de recaudar que la recaudación misma, lo que torna al impuesto inviable.

Finalmente podemos considerar el **Impuesto** único (al empresario / propietario del robot) o Impuesto objetivo, con similar tratamiento que se hace con los coches, embarcaciones o aeronaves.

Esta sería la opción más sencilla y es muy similar a cualquier gravamen específico como ser al tabaco o al alcohol en el caso de consumo, o bien a las embarcaciones deportivas, autos de alta gama, etc. en el caso de la tenencia o propiedad. La manera más fácil de demostrar su complejidad es realizar la comparativa con el impuesto a las embarcaciones deportivas y lo horizontalmente injusto que puede resultar un impuesto de este tipo. Las embarcaciones deportivas constituyen un bien que son altamente *customizables*, por lo que aplicar un impuesto que responda a la realidad del bien es complejo cuando no imposible. Una embarcación puede tener misma eslora y motor que otra y ser en apariencia similar, pero por dentro ser totalmente diferente, contando con grifos de oro y tapizados de cuero de cocodrilo, o bien no tenerlos. Del mismo modo un robot o una inteligencia artificial creada y desarrollada para un fin específico a requerimientos del cliente es un producto también con un grado elevado de customización. La naturaleza altamente diversificada de estos bienes o máquinas *customizables* hacen difícil la aplicación y recaudación de cualquier tributo sin caer en arbitrariedades. Es cierto que sería posible aplicar un porcentaje fijo sobre el precio de venta del robot o el software de Inteligencia Artificial, pero nuevamente caemos en crear un simple y arbitrario sobrecosto que desincentiva una industria en pleno auge y crecimiento.

Entonces, no solo es partir de la falsa premisa comentada anteriormente. Si no, el gravísimo error de no comprender la verdadera naturaleza de estos bienes.

El actuar empresarial (aquel que mejor organiza y utiliza los recursos como medios para cumplir fines sociales) considerará a los Robots y a la I.A. como un bien de uso, es decir, un factor de producción más. Como un pincel, una computadora, o una moto. Salvo aquellos robots que se venden a consumidores finales. Entonces, como se ha mencionado más arriba, están en la misma categoría que cualquier otra maquinaria de cualquier época. Siendo así, no hay diferencia praxeológica entonces entre una maquinaria y un robot o bien el software de Inteligencia Artificial.

Normativa Europea, estado actual y proyecciones a futuro

En párrafos páginas anteriores se omitió intencionalmente realizar comentarios sobre la denominada cuarta generación robótica, con el objetivo de arribarlo en este apartado. La cuarta generación resulta un punto de convergencia plena entre la disciplina o ciencia robótica con la utilización de los softwares más avanzados de Inteligencia Artificial. Tal situación o acaecimiento tecnológico al que los teóricos denominan singularidad reclamará una singularidad jurídica.

En primer lugar, debemos también categorizar y diferenciar la Inteligencia Artificial Débil vs. I.A. Fuerte. La actual, I.A. débil, es aquella cuyos sistemas son capaces de resolver uno o varios problemas del mismo modo que lo haría la inteligencia humana, pero probablemente de una forma más eficaz, rápida o económica. Ej. Kasparov vs. Deep Blue 1996 y 1997.

En cambio, I.A. Fuerte es hoy en día hipotética. Es decir, aún no existe. Y sería aquella I.A. capaz de emular el total funcionamiento de la mente humana. Algo así como el cerebro positrónico de Isaac Asimov. Esto incluye necesariamente sentimientos, creatividad, pero por sobre todo autoconciencia. Un sistema cuya capacidad sea equivalente a las funciones del cerebro humano en cuanto a creatividad, sentimientos y auto conciencia trae aparejado un sinfín de asuntos que deben analizarse y estudiarse con cautela. Tal es así que el proyecto aprobado por la Comisión de Asuntos Jurídicos del Parlamento Europeo se cuestiona si los robots deben o no deben tener personalidad jurídica.

Algunas preguntas que deberíamos formularnos con relación a esta denominada singularidad, sin carácter taxativo, podrían ser, si el hecho de tener conciencia al igual que los seres humanos, hace al robot pasible de contraer derechos y obligaciones. Cómo así también, ¿tendrá la capacidad de perseguir fines propios? ¿independientemente de aquellos que fueron programados? Ante la posibilidad de la existencia de una auto— conciencia, ¿no se daría una suerte de esclavitud robótica? Y si persigue fines propios, y genera renta o riqueza, ¿los principios tributarios actuales de capacidad contributiva le serían aplicables? más aún, ¿a quién pertenece esa renta si ese robot es propiedad de un ser humano? Como puede observarse, en el hipotético caso de resultar la I.A. Fuerte una realidad verificada e incuestionable, ello automáticamente nos dispara preguntas que deberían ser abordadas de manera cautelosa, dado que definirán el nuevo paradigma que regirá el mundo.

El mismo Henry David Thoreau expresó en su ensayo *Desobediencia Civil* que «...*no se alcanzan grandes metas a través del miedo a la extinción*...» y esta idea, sintetizada en esta breve frase esbozada en 1848, engloba lo que constituye gran parte del problema actual presentado en una doble faz. Por un lado, la actitud cuasi axiomática de los políticos cuya única pretensión es aumentar la presión tributaria por las vías y de la forma que sea. Sin entrar en detalles, es lógico y conveniente para aquellos que viven y dependen del estado. Y, por otro lado, la actitud de una gran parte de la sociedad que consume y acepta un futuro distópico presentado por los primeros.

El aparente e inofensivo hecho de desconocer algunos breves pasajes o hechos históricos de la humanidad, sirven en bandeja y facilitan la manipulación de la casta que vive a expensas de los pagadores de impuestos. Tal como se ha demostrado con algunos breves ejemplos de lo acontecido en la Revolución Industrial, nos muestra como en realidad sucede todo lo contrario. La historia del ser humano es una lucha de superación constante y que no tendrá fin. Probablemente el hecho de vivir al límite, o con limitaciones sea el motor más importante que nos lleva a superar obstáculos e impulsa por sobre todo la innata capacidad creativa de las personas, la cual ha sido demostrada a lo largo del tiempo.

Pero, debemos diferenciar, una situación es natural y ha acompañado al ser humano a lo largo de su historia y otra muy diferente es pregonar un futuro distópico para continuar asfixiando con más y nuevos impuestos al sector productivo. O mejor dicho, grupo de personas que producen. Regular, controlar, regular y controlar, así hasta el asfixiante infinito. A la larga, los resultados serán justamente lo contrario, crearan la catástrofe que demagógicamente se quiso evitar.

La robótica y la I.A., sorprenden y llaman la atención por su relativa novedad, nuevos alcances y aplicaciones que acontecen de manera vertiginosa. Es cierto que la velocidad de los cambios actuales a veces dificulta la propia capacidad humana de procesamiento del contexto. Pero el esquema de tributación no tiene nada de nuevo, tan solo se reformará y aprovechará un supuesto apoyo de la sociedad basado en falsas premisas e incorrectos planteos para seguir implementando nuevos impuestos de todos los colores, agigantando el estado, y cercenando las libertades del individuo.

Capítulo V

«No hay nada inexorable
en los acontecimientos humanos;
todo depende de lo que cada uno de nosotros
sea capaz de hacer todos los días».
Alberto Benegas Lynch (h)[1]

Conclusiones

El capítulo primero intentó describir y explicar con una metodología desde lo general a lo particular la Inteligencia Artificial, entendiendo qué es, cómo funciona, y en qué estado actual de desarrollo se encuentra. Como así también el ejemplo concreto del software GPT-3 y los diferentes test aplicables a la IA.

Ya habiendo transitado el capítulo I, en el segundo capítulo es donde se desarrolla bajo el método de los tres enfoques o niveles (historia, teoría y ética) el análisis del funcionamiento de la mente humana para poder realizar comparaciones y mostrar diferencias esenciales con el funcionamiento de la IA en el intento de imitar la mente natural.

Si bien se partió desde un análisis praxeológico del accionar humano en su faz creativa, fue necesario profundizar el estudio de la mente humana para arribar a un conocimiento más acabado, por eso tal análisis trascendió las fronteras de la praxeología. Dado que, en cuanto a seres humanos, mente y cuerpo son inescindibles. El accionar creativo requiere un mayor conocimiento de la mente y los procesos mentales que desencadenan tal accionar.

Todo ello constituyó un mínimo necesario para intentar responder sobre si la IA pudiera reemplazar al humano (su

---

[1] Frase tan real como esperanzadora en su prólogo al libro *Política Económica* de Ludwig von Mises. Unión editorial.

mente) en la faz creativa. Ambos mundos, o campos de conocimiento, son vastos, enormes, (el de la mente humana y
el de la IA); por ello se debe dejar explícito reconocimiento
de las limitaciones del presente texto sobre lo versado en
dichos campos y que requeriría de un estudio que insuma
mayor tiempo y dedique mayor profundidad. Sin perjuicio
de ello, es de considerar que a razón de los aspectos tratados
es posible concluir que la IA está muy lejos de realizar actos
creativos en el sentido dinámico. Es decir, descubrir nuevos
medios y fines tal y como lo hacen las personas en el marco
de su accionar empresarial. Esto quiere decir, que expanda
más allá la frontera de posibilidades concebibles en el preciso
momento del acto creador.

Amén de las hipótesis planteadas en el capítulo III si podemos decir entonces que no hay nada en el desarrollo actual
de la I.A. que permita inferir que es posible reemplazar la
creatividad humana.

Pero lo fundamental de la presente investigación es responder por qué es que se asevera tal cuestión, y el sustento
de ello se encuentra en las conexiones del cuerpo central del
trabajo (los aspectos teóricos de la mente humana del capítulo
II) con el resto de la investigación.

Esas conclusiones tienen causales derivadas que fueron
demostradas a lo largo de todo el trabajo y se pueden resumir
en las siguientes:

El prerequisito de la acción que lleva al ser humano a actuar no se da en la maquina dado que esta es incapaz de sentir
insatisfacción.

Asimismo, se dedicaron algunos párrafos a los estados
mentales inconscientes o conscientes que generan necesidades y son fuerza la fuerza invisible que motiva la acción.
Sobre la inconsciencia Hazlitt y Tridon nos alertan sobre la
existencia de un mundo relativamente desconocido pero que
tiene implicaciones con la motivación y la fuerza e intensidad que lleva a las personas a actuar. Desde luego que, en el

campo de la psicología, existen muchos autores que podrían seguir echando luz a estas cuestiones. Aunque este no es el objetivo de este texto.

En cuanto a las sensaciones y percepciones, que fueron tratados de manera análoga a los Inputs en el caso de la Inteligencia Artificial, se concluye que el sistema nervioso es un complejo sistema de clasificación y reclasificación constante. En el caso de los Inputs, procesos y Outputs del proceso algorítmico tal situación es estática, mientras que el ser humano las conexiones de las redes neuronales enmarcan en un proceso infinitamente dinámico.

En cuanto a la capacidad del lenguaje, se entiende que, en cuanto a entendimiento y comprensión, la semántica está por sobre la sintaxis. Las máquinas podrán confeccionar textos, pero no poseen la capacidad de comprender el significado de estos. Asunto íntimamente relacionado con el experimento mental de la habitación china. También ser observó que etimológicamente el vocablo —semántica— traía aparejado el elemento de «relevancia» (decía: significado relevante) lo que implica de alguna manera un juicio de valor subjetivo, y la necesidad de vivir, y «ser en», el mundo.

Seguidamente se han analizado aportes de Henri Bergson, y se discurrió a lo largo del capítulo II sobre la plasticidad de la mente humana y su capacidad de desarrollar múltiples tareas y no tan solo una. Se demostró como esto tiene su vínculo con la capacidad mental creativa. La IA solo hace y se dedica de manera determinista; hace tan solo lo que su diseñador y programador conciben. No hay saltos de tareas. El software que juega al Ajedrez no puede decidir dejar de hacerlo para dedicar un tiempo a componer música o pintar un cuadro o detectar fraude bancario. En otras palabras, no tiene libre albedrio, ni la capacidad de hacer diferentes tareas. Sobre el libre albedrío resulta oportuno y esclarecedor traer las palabras de Alberto Benegas Lynch Libre que dice: «*El hombre está desde luego influido por factores hereditarios, y por el medio ambiente que lo circunda, pero, precisamente, el libre albedrío consiste en su capacidad para dirigir sus acciones en sentido distinto de sus primeros impulsos o dejarse llevar por ellos»[2].* El libre albedrio es un concepto inconcebible para un programa computacional como la IA.

Posteriormente, continuando con Bergson, se destacó la importancia de la flexibilidad y diversidad infinita de la mente humana que la hacen algo único en su especie.

Otra de las causales sobre la que se apoya la conclusión radica en la idea de la prueba y el error como fuente de conocimiento. Al respecto, esta idea tiene tratamientos diferentes en la mente como en la máquina. El hecho de pensar está íntimamente vinculado con la resolución de fines prácticos y (en sus orígenes) con la satisfacción de necesidades corporales que lógicamente la IA no posee. El logos está al servicio del bios. Por ello el devenir de conjeturas y refutaciones tiene un sentido diferente en una persona que, en una máquina, la cual tan solo en todo caso y por iteraciones podrá «aprender» en el sentido que lo demarca la técnica del Machine Learning, pero no le aportará mayor conocimiento que el pretendido en su diseño.

Finalmente, ya adentrándonos en la función empresarial, la capacidad creativa y su importancia, se desarrollaron dos enfoques, el de Huerta de Soto y el de Kirzner. El enfoque de Huerta de Soto lo vinculábamos de manera directa con los modelos mentales: la riqueza de la mente humana es única e irrepetible. Los modelos mentales hacen que cada ser humano sea absolutamente diferente de otro. En todo caso, en el campo de la IA tal situación podría ser ilusoriamente replicada, pero sería una situación derivada de un hecho anterior u originario, es decir de las diferentes personas (o programadores) con capacidad de diseñar softwares diferentes.

---

[2] A. Benegas Lynch (h). *Fundamentos de análisis económico.* Grupo Unión. 2011. Pág. 47.

Y como si todas estas diferencias no fueran suficientes el tratamiento del tipo de conocimiento con el que trabaja cada inteligencia es diferente. La mente humana abarca el tratamiento de trabajar con conocimiento del tipo A y B, tal como fuera explicado en el cuerpo del texto.

Posteriormente, en el capítulo IV se efectuaron unas breves notas sobre la imposibilidad del socialismo y sobre los aspectos tributarios tanto de la robótica como de la IA. Esto se realizó a los efectos de: en el caso de la imposibilidad del socialismo, siempre es oportuno desmitificar creencias o aplacar falsas expectativas que rebrotan permanentemente frente a cada progreso tecnológico que acontece. Asimismo, las líneas sobre la imposibilidad del socialismo sirvieron de ejemplo para entender el estado actual de las discusiones en el mundo sobre la IA, como así también la observación y el análisis de diferentes casos concretos. Lo mismo sucede con los aspectos tributarios, que además de funcionar de ejemplo sobre el estado actual de la cuestión, sirvieron también para comprender en primer lugar la naturaleza praxeológica de la IA, es decir tal, considerada como bien de uso o un factor de producción más. Y en segundo lugar para comprender los alcances y limitaciones de esta, concluyendo calificar de cualquier torpe intención *ludita* de frenar el progreso tecnológico.

En conclusión, estas constituyen un cuerpo extenso de lo que pueden considerarse causales que sustentan el argumento de porqué la IA no tiene capacidad creativa. También corresponde decir que el presente trabajo no intenta brindar certeza categórica afirmando que la IA nunca podrá reemplazar la capacidad creativa humana. (Tal aseveración sería equivalente a que alguien haya dicho alguna vez en el año 1850 que las pretensiones del ser humano para crear una máquina que pueda volar eran absurdas). Sino que lo que atina a decir es que a la fecha no lo hace, y se ha analizado el porqué de su incapacidad. Para lograr imitar la capacidad creativa del ser humano deberá replicar de manera fidedigna todas y cada uno de los elementos que hacen a la mente humana.

Por supuesto que tal aseveración debe verse revisada y puesta a duda de manera constante. No solo por los nuevos conocimientos sobre las nuevas tecnologías que día a día emergen y se expanden las capacidades de la IA. Sino también, los nuevos descubrimientos sobre la mente humana para obtener saberes más acabados de esta.

Para finalizar, puede resultar prudente cerrar con las siguientes palabras «...*el motor del desarrollo de la acción lo encontramos en el hecho de que todo individuo que persigue un fin, considera subjetivamente que su logro le producirá una satisfacción, un beneficio subjetivo...*».[3]

La economía puede verse como un extraordinario proceso de una infinidad de intercambio de valores. Sucede que los valores son siempre subjetivamente otorgados en relación a los fines perseguidos. Y hasta hoy y por ahora solo los seres humanos descubren, crean y persiguen fines. En cuanto esta capacidad del ser humano de crear algo de la nada, esa imaginación y creatividad podemos remontarla a nuestros orígenes como especie, en donde tal como apunta Martínez Meseguer:

> ...los primeros homínidos eran capaces de fabricar herramientas chascando unas piedras con otras, con el fin de obtener bordes afilados con los que poder cortar e incluso atravesar la dura piel de grandes animales, lo que contribuyó a mejorar la dieta que obtenían... ...es muy posible que la imaginación del ser humano naciese del desarrollo de la capacidad de pensar en alguna herramienta que necesitase, para crearla después...[4].

---

[3] C. Martínez Meseguer. *La teoría evolutiva de las instituciones. La perspectiva* austríaca. 2° edición. Unión editorial 2009. Pág. 153-154

[4] Íbid. Pág. 219

Por lo tanto y tal como se intenta expresar en páginas anteriores, mientras el ser humano siga siendo humano, seguirá siendo *grande*. Eso posibilitará siempre ir más allá. Se debe proceder con cautela y no se debe caer en el pecado de endiosar la propia razón humana, pero, es posible decir paradójicamente, que lo que limita al ser humano termina por ser lo que lo engrandece.

FUENTES BIBLIOGRÁFICAS
Y NO BIBLIOGRÁFICAS

ANTISERI, D. (2001). *La Viena de Popper*. Unión editorial.

BENEGAS LYNCH ,A. (2011) *Fundamentos de análisis económico*. 12° ed. Buenos Aires. Grupo Unión.

BERGSON, H. (2016). *La inteligencia*. Editorial Interzona. Buenos Aires.

FRANCH PARELLA, J. (2018). *Economía*. Madrid, España. Unión Editorial.

HAYEK, F.A. (2011). *El orden sensorial*. Unión Editorial. 2° ed. Madrid.

HAZLITT HENRY (2018). *La Economía en una lección*. Unión Editorial. Ed. 8°. Madrid.

— (2018). *Cómo tener fuerza de voluntad*. Unión Editorial

— (2018). *El pensar como ciencia*. Unión Editorial, 2018

HUERTA DE SOTO, J. (2014). *The theory of dinamic efficiency*. Ed. Routledge.

— (2015). *Socialismo, cálculo económico y función empresarial*. Unión editorial. Ed. 5° Madrid.

— (2019). *Lecturas de economía política*. Volumen I. 2°ed. Unión Editorial.

— (2019). *Lecturas de economía política*. Volumen II. 2°ed. Unión Editorial.

— (2020). *Estudios de economía política*. Madrid. 3a ed. Unión editorial.

KIRZNER, I. (2020). *Competencia y empresarialidad*. Madrid. 3° ed. Unión editorial.

— (2020). *Creatividad, capitalismo y justicia distributiva*. Madrid. 2° ed. Unión editorial.

MARTINEZ MESEGUER, C. (2009). *La teoría evolutiva de las instituciones. La perspectiva austríaca*. 2° ed. Madrid. Unión editorial.

MISES, L. Von (2018). *La acción humana*. Unión Editorial. Ed. 12°. Madrid.

— (2014). *Política económica*. Unión Editorial. Ed. 2°. Madrid.

RAND, A. (2004). *La virtud del egoísmo*. Editorial Grito Sagrado.

ROTHBARD, M. (2015). *Poder y mercado*. Unión Editorial. Madrid.

ZANOTTI, G. (2020). *Introducción a la Escuela Austriaca de Economía*. Unión Editorial. 2° ed. Madrid.

— (2012). *Conocimiento* versus *Información*. Unión Editorial.

Sitios webs:

https://mises.org/es/wire/los-peligros-de-la-inteligencia-artificial-financiada-por-el- estado

https://mises.org/es/power-market/que-hace-peligrosa-la-ia-el-estado https://mises.org/es/wire/los-algoritmos-estan-bien-hasta-que-el-gobierno-los-usa- contra-nosotros

https://mises.org/es/wire/por-que-las-computadoras-mas-inteligentes-no-haran-mas- viable-el-socialismo

https://mises.org/es/power-market/thiel-sobre-inteligencia-artificial-y-economia- austriaca

https://mises.org/es/wire/la-inteligencia-artificial-y-los-erro-res-economicos- superpoderosos

https://www.youtube.com/watch?v=gJEzuYynaiw

https://www.businessinsider.com/ibm-watson-morgan-movie-trailer-2016-8 https://www.ciat.org/ciatblog-inteli-gencia-artificial-aplicada-a-la-fiscalizacion/ https://www.fiscal-impuestos.com/deberian-incluirse-robots-dentro-agenda-fiscalidad- digital.html

https://www.politicafiscal.es/equipo/cesar-garcia-novoa/la-tributacion-de-los-robots-y- el-futurismo-fiscal https://

cincodias.elpais.com/cincodias/2019/09/06/economia/1567769189_090937.html http://elfisco.com/articulos/1653

https://www.ucm.es/taxrobot/

https://www.ciat.org/los-retos-tributarios-frente-a-la-digitalizacion-la-robotica-y-los- posibles-viajes-y-negocios-interplanetarios/

https://www.ciat.org/de-robots-y-otras-yerbas/ https://www.ciat.org/robots-a-los-impuestos/ https://www.ciat.org/impuestos-sobre-los-robots/

https://tallerdederechos.com/derecho-y-robots-en-la-union-europea-hacia-una-persona- electronica/

https://www.ambito.com/opiniones/tecnologia/cuales-son-los-incentivos-fiscales-las- actividades-tecnologicas-los-paises-la-region-n5171001 https://www.europarl.europa.eu/doceo/document/A-8-2017-0005_ES.html?redirect https://mises.org/es/wire/los-robots-no-nos-destruiran-como-la-automatizacion-crea- empleos?fbclid=IwAR1_TmM_7iK3lhuKdxjMBsTn3x7BHa9GXWkIy4lTuHutsR b5m pBVZ1cypig

https://blogs.imf.org/2021/04/19/what-pandemics-mean-for-robots-and- inequality/?fbclid=IwAR0nDN8SLrRldhPLez ftX_MQhV35MUs2rPwlT5- VQ5bW5LoRKOkHz0id864#. YH4C9ZTSW8Y.facebook https://www.xataka.com/legislacion-y-derechos/europa-crea-primera-legislacion-inteligencia-artificial-robots-asi-nueva-normativa-como-queda-regulado- reconocimiento-facial

https://diginomica.com/robot-rights-a-legal-necessity-or-ethical-absurdity https://juandemariana.org/ijm-actualidad/articulos-en-prensa/los-robot-no- cotizan/?f bclid=IwAR2B3YLSxGCcm9IK7WX3aeggvQkJGiSjFn Npc- AIeHO_2q5Vu9XmxYd4nLQ https://elpais.com/retina/2018/03/22/tendencias/1521745909_941081.html https://profile.es/blog/que-es-un-algoritmo-informatico/

https://www.technologyreview.com/2020/08/22/1007539/ gpt3-openai-language- generator-artificial-intelligence-ai-opinion https://www.technologyreview.com/2020/08/22/1007539/gpt3-openai-language- generator-artificial-intelligence-ai-opinion https://www.eluniversal.com.mx/techbit/union-europa-busca-prohibir-la-inteligencia- artificial?fbclid=IwAR3F8rhLkNKVuj8W6 T2oSy5bAYQHClE6idWocVFF6SCwHgR LocQC0i8RIq4

https://explore.mathworks.com/machine-learning-vs-deep-learning

http://portal.uned.es/portal/page?_pageid=93%2C71424358&_dad=portal&_schema=P ORTAL&fbclid=IwAR3NA_kI-PjGJywQ-VMLh9w- 866ZgDLOmIxCn8qiEKRjLoCvkI-Fzf8d4yuf4

ÍNDICE DE NOMBRES

**Para más información,
véase nuestra página web**
www.unioneditorial.es